DK 儿童视觉百科全书

WOW! 动物

Original Title: WOW! ANIMAL
Copyright © 2009 Dorling Kindersley Limited
A Penguin Random House Company

北京市版权登记号：图字01-2011-1780

图书在版编目（CIP）数据

DK儿童视觉百科全书. 动物／（英）沃克（Walker，R.）著；
陈超译. —北京：中国大百科全书出版社，2011.6
ISBN 978-7-5000-8549-2

Ⅰ. ①D… Ⅱ. ①沃… ②陈… Ⅲ. ①科学知识—儿童读物
②动物—儿童读物 Ⅳ. ①Z228.1 ②Q95-49

中国版本图书馆CIP数据核字（2011）第055505号

译　者：陈　超
专业审定：张劲硕

策 划 人：杨　振
责任编辑：付立新
封面设计：邹流昊

DK儿童视觉百科全书——动物
中国大百科全书出版社出版发行
（北京市西城区阜成门北大街17号　邮编：100037）
http://www.ecph.com.cn
新华书店经销
北京华联印刷有限公司印制
开本　889毫米×1194毫米　1/8　印张：16
2011年6月第1版　2021年12月第4次印刷
ISBN 978-7-5000-8549-2
定价：118.00元

For the curious
www.dk.com

DK 儿童视觉百科全书

WOW! 动物

中国大百科全书出版社

编著：理查德·沃克
译者：陈 超

生活方式

目录

热带草原上的野生动物
在非洲热带草原的水洼处，长颈鹿、斑马、鸟儿和其他干渴的动物们聚在一起饮水。这情景只是全世界庞大的各种各样动物生活中一个小小的缩影。

多样性

生物

从微小的细菌到巨大的蓝鲸，地球上生活着各种各样令人惊奇的生物。除了明显的不同外，所有生物都具有一些共同的特征。它们都需要获取能量，都能成长并能适应外部环境。但同样的事情则不会发生在那些没有生命的物体身上，如石头。科学家将生物划分为5个不同的类群，叫做"界"。每一类生物都有自己的特征，下面将一一介绍。

葡萄球菌

细菌 ▶

细菌是个体最微小、数量最丰富、存在最广泛的生命形式。细菌由单细胞构成，尽管比其他生物体内的细胞结构简单，但工作方式基本相同。一些细菌从周围环境中取食，一些细菌依靠太阳能或者其他能源形式自给自足。

幽门螺旋杆菌

变形虫

◀ 原生生物

和细菌一样，大多数原生生物也是由单细胞构成的，但它们的细胞个头相对比较大，并且像组成动植物的细胞一样复杂。原生生物通常生活在水中或潮湿环境里。它们大致分为：动物性单细胞，也就是原生动物，从周围环境汲取养料生存；植物性单细胞，靠光合作用汲取养料生存。

毒蝇鹅膏菌

草履虫

马勃菌

干酵母

菌物 ▶

食用伞菌、毒菌、霉菌和酵母菌这些生物组成了菌物这一族群。它们看起来和植物相似，却以完全不同的方式生存。菌物能释放一种叫做酶的消化物质，来分解死去或活着的生物，它们靠吸收被分解的生物释放出的营养来生存。

面包霉

檐状菌

动物 ▼

尽管形态各异，但所有的动物都具有共同的关键特征，它们都是多细胞（由很多细胞构成）生物，通过猎捕其他生命获取食物。动物一般都能靠身体的一部分自由移动，利用一个或多个感官觅食。

南美貘

原驼

树袋熊

火焰虾

环颈雉

弹涂鱼

豪猪

红尾树阴锦蛇

虻

鹦鹉螺

鬣蜥

鼠

犰狳

蟹

发声大蠊

植物 ▶

从低矮的草到高大的树，所有的植物都需要水、阳光和利于生根的土壤。大多数的植物不能移动，且不能吃其他生物，它们通过光合作用来获取能量，利用太阳能将二氧化碳和水转化为养分。

百合

苔藓

草

常春藤

动物界

动物界包括各种各样令人惊异的物种，这些物种被划分为34个门。脊索动物门是其中的一门，包括所有的脊椎动物（具有脊椎的动物，如鱼、貂和蛙）。其他33个门的动物数量占已知动物物种的97%以上。尽管这些物种彼此并无关系，也没有共同特征，但它们统统被称为无脊椎动物（没有脊椎的动物）。这里介绍动物界中几个主要的门。

❺ 软体动物门

这一门的动物都具有柔软的身体，很多有保护性外壳，如行动缓慢的蜗牛、海螺和帽贝。双壳纲（具有相互铰合的两片贝壳）也属于这一门，如几乎不能移动的蚌。头足纲也是软体动物门的一个分支，如乌贼、鱿鱼、章鱼，它们非常聪明，在海水中能迅速游走。

❻ 棘皮动物门

棘皮动物可被称为"身体上长满刺的动物"，它们的身体呈辐射对称，且大多分为5个部分，在表皮下起支撑作用的骨骼由坚硬的骨板构成。棘皮动物门包括海星、海蛇尾、海胆和海参等，正如它们的名字所显示的，所有棘皮动物都生活在海里。

❼ 脊索动物门

脊索动物门中主要的一类是脊椎动物，包括那些体型最大的动物。它们都有脊柱，与其他骨组成柔韧的内骨骼，支撑身体，并附着肌肉。它们还具有四肢，以及高度进化的神经系统和感官。脊椎动物包括鸟类、哺乳动物、爬行动物、两栖动物和各种各样的鱼类。脊索动物不仅包括脊椎动物还包括海鞘和文昌鱼等。

▲ 5. 纲

27个不同的目组成哺乳纲，包括食肉目、翼手目、灵长目（包括人类）和有袋目等。除了它们的多样化，所有的哺乳动物都是内温（温血）动物，以乳汁哺育幼崽，大多数长有毛发。在以上哺乳动物的这些特征中，最后两项特征是其他任何一纲的动物所不能同时具备的。

▲ 6. 门

根据动物的主要特征将它们归于不同的门。哺乳动物和三种相关的纲的动物，如鱼类、鸟类，是脊椎动物门。它们都属于脊索动物门，它们都有沿后背而下的神经索以及在它生命某个阶段出现的一条脊索。脊索动物门中数量最多的是脊椎动物。随着脊椎动物的成长，脊索由脊柱所取代。

▲ 7. 界

在分类树的最顶端是动物界，包括34个门。除这个脊索动物门，其他门类的动物被统称为"无脊椎动物"。无脊椎动物都没有脊椎，任这个名称在分类学中并无意义。节肢动物门（包括昆虫、蜘蛛、蟹）、软体动物门和蠕虫所在的环节动物门、扁形动物门等是动物界中几个比较大的门。

鳄

巨嘴鸟

陆生蜗牛

蝶

蟹

鲎鱼

捕鸟蛛

蜻蜓

神仙鱼

蟒

蛙

蝙蝠

袋鼠

海狮

北极熊

鹦鹉

企鹅

猩猩

虎

动物的分类

地球上已知的动物有150万种，还有数百万种动物尚未被发现。为了分普和了解数量庞大的动物物种，科学家们根据已发现的不同物种之间的相似性和差异性，将它们分为不同的族群，一级比一级大，直至一级大，从包含所有动物种的动物界，到特定的属，到物种。以冷鼬为例，你将看到，冷鼬属于哪个族群，以及与其他物种之间的关系。

1.种▲
冷鼬的学名是 *Mustela nivalis*，由属名（*Mustela*）和种名（*nivalis*）组成。每个物种都有一个全世界范围内通用的、由属名和种名共同组成的学名。同一物种的成员具有相似的特征，在自然界中能交配繁育后代。

▲2.属
同一属的物种有相近的亲缘关系，但不能彼此交配繁育后代。鼬属有16个种，包括伶鼬、白鼬、艾鼬等。它们都是体型小、凶猛的猎手，但每一种与其他种的生活方式又略有不同。

▲3.科
相关的几个属共同组成科。鼬属是24个属中的一个，和包括水獭和猫科在内的其他属，共同组成鼬科（Mustelidae）。这一科所有的成员都是行动敏捷的猎手，在水中或树上寻觅食物。

▲4.目
包括鼬科、猫科、熊科、犬科等动物在内的8个科组成了食肉目的动物。这一目的动物大多数吃肉，是优秀的技能型猎手，在陆地上捕食，有善于撕咬的牙齿。有些动物如熊，胃口很大。这一目的成员通常被叫做食肉动物，但"食肉动物"这一名词有时也用来描述其他以肉为食的动物。

冷鼬

白鼬

水獭

獾

赤狐

13

无脊椎动物

动物界二97%以上的动物是无脊椎动物。和脊椎动物不同，它们没有脊椎。无脊椎动物形态各异，几乎没有相同之处，但它们有着相似的生存需求——它们都需要移动、进食和摄入氧气来获取能量，以及与环境相互作用并进行繁殖。从下面3幅无脊椎动物的剖面图中，你可以了解扁形虫、海星和龙虾这3种截然不同的无脊椎动物的身体构造以及满足它们生存需要的身体系统

❶

肠分支的后段

口

被称为咽腔的空腔，食物通过口进入身体

纵向贯穿身体的纵行神经索

肠分支的前段

排放废物的排泄管

脑神经节，一组神经元，构成了扁形虫的脑

❷

覆盖在海星体表的保护性外皮

控制管足移动的辐射状神经

管足

每条鲕手中成对的生殖腺，释放出卵子求精子

坚硬连锁的小骨构成戈骨骼

辐射状的水管系统

当液体从水管中挤压进来时，管足进来开

胃，接收从位于海星底部的口进来的食物

吸收食物的消化囊

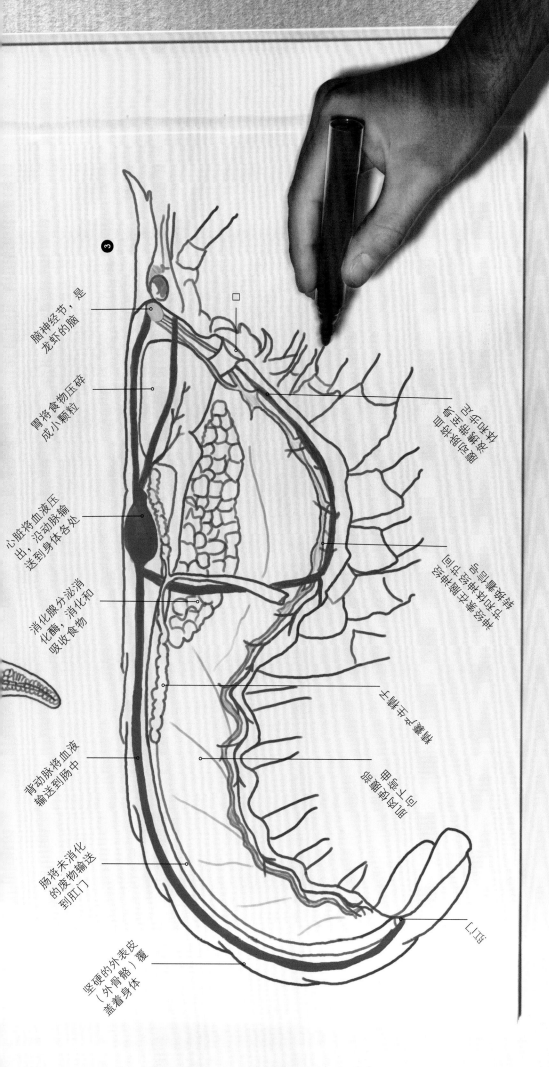

❶ 扁形虫

这只构造简单的无脊椎动物，既没有呼吸系统，也没有循环系统。氧气直接通过扁形虫的表皮进入体内。食物的摄入和废物的排除都是通过口进出。食物通过消化系统的多个分支到达身体各处。一个简单的脑通过神经索和简单的眼捕捉视觉和感觉。一个简单的脑通过神经索来控制身体移动。

❷ 海星

这只海星（一种棘皮动物）的每个触手的剖面图显示了它体内不同的层。位于皮肤之下的坚硬小骨形成骨骼。消化系统包括口、胃和位于5条触手内的5个消化囊。触手内的水管系统，将水推压到微小的管足里，使身体移动。

❸ 龙虾

龙虾是节肢动物，具有坚硬的甲壳，相互铰合的、相互铰合的坚硬的和靠肌肉来支撑移动的步足。龙虾的行动通过脑沿神经索传递信号来控制。脑还控制着龙虾的视觉和感觉。食物通过消化系统进行消化，消化管两端都有开口（口和肛门）。心脏通过血管和体间隙传送血液，将食物和氧气输送到身体各处。

脊椎动物

鱼类、两栖动物、爬行动物、鸟类和哺乳动物被称为脊椎动物，它们都有一条脊柱，这是支撑头骨并和其他附肢骨相连的内骨骼的一部分。除了骨骼，身体内其他系统相互作用，保证了脊椎动物的生存。下面以兔子为例来说明。

❶ 皮肤、毛发和爪

所有的脊椎动物都有裸露在外的皮肤。鱼类和爬行动物的皮肤被鳞片覆盖；鸟类的皮肤被皮肤覆盖；哺乳动物，如兔子的皮肤被毛发或软毛覆盖。从皮肤上生长出来的毛发能帮助动物保温，维持体温恒定。爪，也是由构成毛发一样的物质组成的，它们的作用是在哺乳动物移动时，帮助抓牢地面。

❷ 骨骼

骨骼组成了支撑兔子柔韧身体的框架，保护着内脏器官，并使身体能够活动。两块或更多块骨头接合的地方形成关节，大多数关节都能自如活动。

❸ 循环

血液将身体所需的氧气、水和其他营养物质运送到全身各处，并将废物清除出体内。心脏将富氧血经动脉压送到身体各处，乏氧血再通过静脉回输到心脏。

❹ 呼吸

肺通过吸进、呼出气体来完成呼吸过程。空气中的氧进入动物血液并被携带到身体各处的细胞内，血液中的氧被释放出来供细胞利用，二氧化碳等废物被带回到肺并被呼出体外。

❺ 神经系统

神经系统控制兔子的行动并让它感知周围的环境。位于头骨内的脑与在其基底相连接的脊髓成为系统的中枢。连接脑和脊髓的像电缆似的神经负责将信号中转并传达至全身各处。

❻ 消化系统

食物是生命的基础，是提供能量和构建身体的原料。消化系统由长长的消化管组成，包括口、胃和肠，它能将食物消化（分解）成构造简单、易于吸收的营养物质，并被血液循环系统吸收。未被消化的物质再经血液循环系统排出。

下面是雌兔的体内构造图，为便于观察，将雌兔的消化系统拆解出体外。

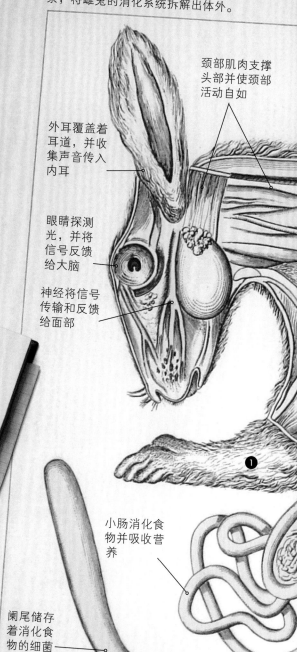

颈部肌肉支撑头部并使颈部活动自如

外耳覆盖着耳道，并收集声音传入内耳

眼睛探测光，并将信号反馈给大脑

神经将信号传输和反馈给面部

小肠消化食物并吸收营养

阑尾储存着消化食物的细菌

❼ 泌尿系统

两个肾脏、膀胱和输尿管组成了泌尿系统。肾脏过滤血液，排出废物和过量的水分。这些物质最终形成尿，在被排出体外之前储存在像袋子一样的膀胱内。

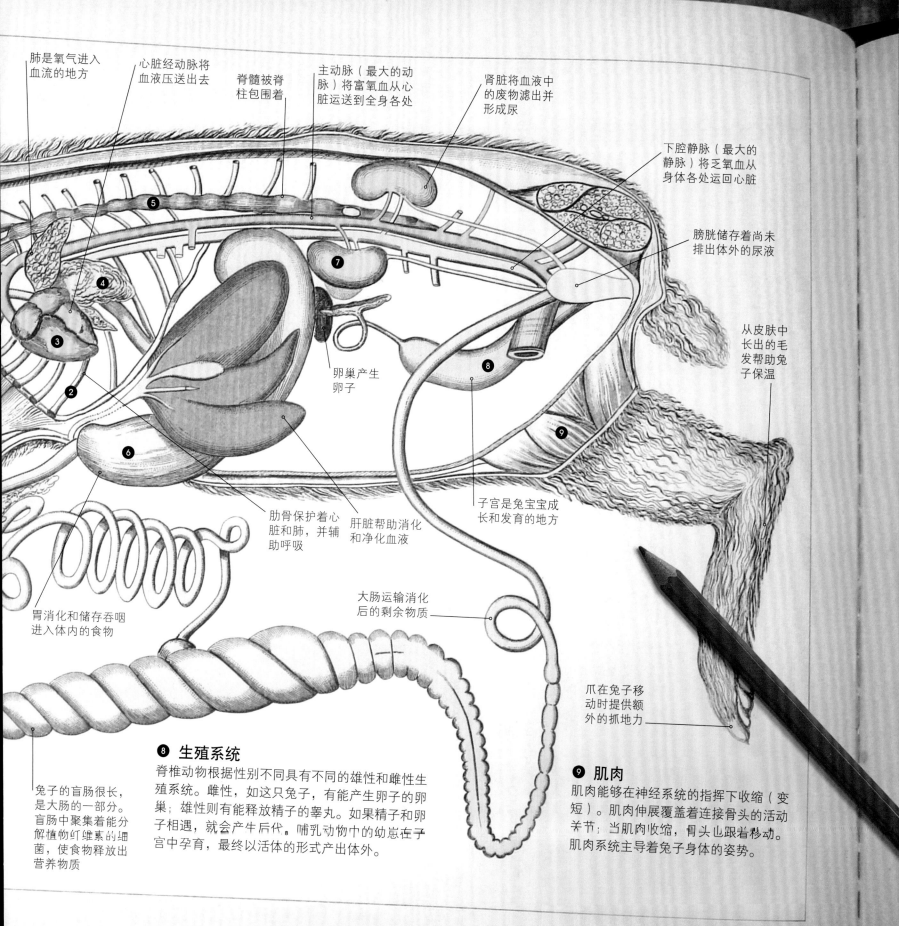

肺是氧气进入血流的地方

心脏经动脉将血液压送出去

脊髓被脊柱包围着

主动脉（最大的动脉）将富氧血从心脏运送到全身各处

肾脏将血液中的废物滤出并形成尿

下腔静脉（最大的静脉）将乏氧血从身体各处运回心脏

膀胱储存着尚未排出体外的尿液

从皮肤中长出的毛发帮助兔子保温

卵巢产生卵子

肋骨保护着心脏和肺，并辅助呼吸

肝脏帮助消化和净化血液

子宫是兔宝宝成长和发育的地方

大肠运输消化后的剩余物质

爪在兔子移动时提供额外的抓地力

胃消化和储存吞咽进入体内的食物

兔子的盲肠很长，是大肠的一部分。盲肠中聚集着能分解植物纤维素的细菌，使食物释放出营养物质

❽ 生殖系统

脊椎动物根据性别不同具有不同的雄性和雌性生殖系统。雌性，如这只兔子，有能产生卵子的卵巢；雄性则有能释放精子的睾丸。如果精子和卵子相遇，就会产生后代。哺乳动物中的幼崽在子宫中孕育，最终以活体的形式产出体外。

❾ 肌肉

肌肉能够在神经系统的指挥下收缩（变短）。肌肉伸展覆盖着连接骨头的活动关节；当肌肉收缩，骨头也跟着移动。肌肉系统主导着兔子身体的姿势。

石鳖

壳由层层叠叠的骨板组成

鹦鹉螺

将壳切除一部分后露出内部的气室

▲ 软体动物的壳

软体动物的壳由碳酸钙构成，形态各异。石鳖用足附着在岩石上，它扁平的相互连接的壳不仅能提供保护，还能将身体蜷成一个球。鹦鹉螺长有螺旋状的外壳，壳内部的小室充满空气，能帮助其漂浮在水上。

液压骨骼 ▶

身体分节的蠕虫，如水蛭和蚯蚓，都没有坚硬的骨骼，取而代之的是充满液体的体内腔形成的液压骨骼，为身体提供支撑。

水蛭

前肢进化形成翅膀

乌鸦

胸骨是飞行肌的附着处

鸟类 ▶

鸟类不仅因为长有翅膀，而且骨骼也适于飞行。中空的骨减轻了骨骼的重量，发达的胸骨上长有健硕的飞行肌，强壮的后肢辅助起飞和降落。

海龟

外骨骼的多骨层

骨骼

大多数动物都有骨骼，骨骼是支撑身体的框架，保护着体内器官，是肌肉的附着处。脊椎动物的内骨骼通常由骨头构成，由连接着头骨的脊柱和两副附肢骨组成。昆虫、甲壳动物和其他节肢动物都长着外骨骼。蠕虫和一些棘皮动物具有液压骨骼，由被肌肉控制的充满液体的体内腔组成。

大螯钳在强劲肌肉的牵动下活动

龙虾

▼ 外骨骼

甲壳动物、蛛形纲动物和昆虫都有能包裹住身体和足的外骨骼。外壳是坚硬轻薄的几丁质（甲壳质），由关节连接，能自由伸缩。外骨骼不能增长，随着身体的生长，它会不断地蜕掉。

捕鸟蛛

蜘蛛蟹

蜻蜓

甲壳动物的外表皮含有碳酸钙，使其增加了硬度

獾

骨盆带的一组骨骼连接着后肢和脊椎

蜥蜴

鳍能推动鱼类前进、平衡身体并掌控方向

◀ 硬骨鱼

如鲑鱼和鳕鱼这些鱼类都具有坚硬的骨骼。大多数鱼类的骨骼赋予了它们流线型的身体。柔韧的脊柱上附着的肌肉能让身体左右摆动来推动鱼类在水里前进。

大西洋真鳕

长长的、异常柔韧的脊柱，上面长着成对的肋骨

▼ 爬行动物

典型的爬行动物，如蜥蜴，具有柔韧的脊柱、一条长尾以及从身体两侧伸展出来的四肢。另一些爬行动物的骨骼则与众不同。蛇没有足，但有一副非常长的脊柱。海龟具有骨化的外壳。

锥形的头骨减少了鱼在水中前进时的阻力

角鲨

尾鳍推动鱼向前行进

蟒

愈合成一块的头骨保护着脑

软骨鱼 ▶

鲨（如这条角鲨）、虹和鳐都被称为软骨鱼，它们的内骨骼由软骨组成，这种软骨就是支撑人类鼻子和耳朵的既坚韧又柔软的物质。

牛蛙

猕猴

弯曲的肋骨包围心脏和肺，形成保护性的肋廓

长长的后肢和足适于跳跃和游泳

骨与骨之间的关节赋予了骨骼的灵活性

狭长的手臂和指骨支撑着翅膀

蝙蝠

▲ 哺乳动物

大多数哺乳动物用4条腿行走。强壮、弯曲的脊柱是身体的主轴，支撑着头骨。前肢和后肢垂直向下与地面接触，支撑身体与地面保持距离。

对称

大部分动物的身体看起来是对称的。有些动物身体呈辐射对称，也就是说可以像切蛋糕一样，通过中心点随意平分成完全相同的两部分。大多数动物的身体左右对称，可以沿中线将它们的身体分割成相等的两部分。另一些动物看起来则具有奇特的不对称性。

不对称 ▶

有一类动物，如海绵，它们的身体怎么看都没有对称性。这些构造简单的动物肆意生长成各种形态。这种不对称结构，使得它们的身体无论沿哪个方向分，都不能产生相同的两部分。

左右对称 ▼

从蝴蝶到水牛，大部分动物看起来是左右对称的。这就意味着，如果有一条假想的线沿身体中间从头到尾画下去，可以将动物分成左右完全相等的两部分。然而这条线是唯一的，画在其他任何位置，都不能再使其对称了。

蓝色大闪蝶

头部包括眼、鼻、胡须和口

比目鱼的右侧现在已经变成朝上的一侧

威德尔海豹

▲ 头部

左右对称的动物，其头部位于身体的最前端。头部包括动物的感官，如眼、耳、鼻和胡须，这些器官会先于身体的其他部位感受到外部环境的刺激。感官感知到变化，随后同样位于头部的大脑会做出分析和反应。

左眼已经移动到了右侧（朝上的一侧）

三色紫玫瑰蛱蝶

身体可以
分成相等
的两部分

红手指海绵

海绵生长在珊
瑚、岩石或者
海床上

长须地毯海葵

中间的口周
围环绕着一
圈触手

辐射对称 ▲

海葵和它们的近亲的形态都是辐射对称。它们的
部分身体围绕中心点排列得像自行车轮子。任何
通过中心点的一条直线都可以将它们分成两个相
等的部分。海星则呈特殊的辐射对称，它们的身
体从中心向外辐射分为5个相同的部分。

5条触手从
中心辐射伸
展开来

绯红海星

雄蟹的一只
螯钳比另一
只大很多

招潮蟹

大螯钳 ▲

雄性招潮蟹看起来不对称，因为它的一只螯钳比另一只大很多。
它们在求偶期将螯钳伸向空中不断挥舞以吸引雌蟹。雄性还利用
螯钳互相打斗来保护自己的泥穴。

比目鱼

螺旋状壳 ▶

大部分蜗牛都不是完全对称的。它们依靠背
上的螺旋状壳来保护身体和内部器官。这个
壳是个便携式庇护所，当遇到危险时蜗牛就
会缩进太。

螺旋状的壳把
身体包裹起来

蜗牛

◀ 改变体侧

成年比目鱼具有很奇特的对称性。当它刚孵化出来时，身
体左右对称，但很快就会发生戏剧性的变化——比目鱼的左
眼会移动到右眼旁边，双眼同在身体朝上的一侧。比目鱼游动到
赖以生活的海床上，贴着海底的左侧则变成了朝下的一侧。

寿命

一般来说，动物体型越大寿命越长，但也会受其他一些因素的影响。那些繁殖慢、一次产生后代数量少，且后代在父母照顾下成长的动物能活得更久。和它们的身体相比，这样的动物有一个相对较大的脑，可以使能量消耗变慢，它们的天敌也相对较少。

❷ **工蜂**是没有生殖能力的雌性蜜蜂，在蜂群中扮演多种角色。在它们繁忙的5周寿命中，要喂养幼虫，清理蜂蛹，分泌蜂蜡建造储备卵和蜜的蜂房，守卫蜂巢入口，还要采集花粉和花蜜。

❶ **袋鼠**的平均寿命为10年左右。它们在出生后的两年内进入成熟期，全年任何时候都能进行繁殖。小袋鼠可能会被澳洲野犬和鸟类当作猎物捕食。

5
周

10
年

30
年

120
年

400
年

15
年

15
年

12
年

❸ **大鲵**的寿命相对较长，它们属于低能量消耗的大型两栖动物。

❹ **海狮**被大型鲨鱼和虎鲸捕食，平均寿命15年。

❺ **象龟**的寿命可达120年之久。很多因素使它们有长久的生命力：它们是大型动物，生活在几乎没有天敌的岛上，且行动缓慢，能量消耗很少。

❻ **龙虾**是体型最大的甲壳动物之一，它用大螯钳和坚硬的壳保护自己躲避捕食者。通常能活15年，个别龙虾甚至可活100年。

❼ **家猫**在有规律的饲喂和免受传染病感染的情况下能活很久。因为得到喂养和保护，被当作宠物饲养的动物比那些在野外生活的动物通常寿命更长。

8 鳄是大型外温（冷血）动物，它们的进食特点是，在短时间内密集进食，然后很长时间趴着不动，这是鳄鱼长寿的完美战略。

75 年

9 宽吻海豚是异常聪慧的动物，一般寿命为二三十岁，但在良好的条件下，它能活40或50年。

20 年

10 信天翁是大型海鸟，出生后需要几年时间才进入成熟期。它们与伴侣终生相伴，每个繁殖期只产一枚卵。

11 黄鲟中的雌性要经过20多年才会发育完全，每5年繁殖一次。

12 北极熊在北极严酷的环境中平均寿命是25年。

13 老鼠是小型高代谢率的内温（温血）哺乳动物。相对于它们的体型，能量消耗得很快。像这样的动物，它们的生命趋向于越"烧"越快，寿命较短。

50 年

6 小时

80 年

25 年

2 年

4 周

40 年

14 象是大型高智商的群居动物，象群共同照顾幼崽，它们的寿命在40年左右。

15 家蝇短短的一生基本都在喂养和繁殖下一代。

16 海蛤是双壳类软体动物（长着两片壳的软体动物）。2007年在冰岛附近海域发现的海蛤被证实已存活400年之久，这是有记录以来最长寿的动物。

17 蜉蝣的一生中有2~3年的时间是在小溪和河流中以若虫的形态存在的。夏季时它们挥动翅膀变身为成虫。它们交配却不抚养后代，在交配后几小时就死去。

哺乳动物

图中的这些动物看起来各不相同，但它们都是哺乳动物，包括人类。哺乳动物是内温（温血）脊椎动物，大多数体表覆盖着用以保温的毛皮。雌性哺乳动物分泌乳汁喂养幼崽。从两极到赤道，地球上遍布着哺乳动物的身影，它们生活在陆地、水中和天空。绝大多数为胎生，以发育完全的幼体形式来到世界。

宽吻海豚

流线型的身体适于水中生活

❶ 鲸类动物

鲸、鼠海豚和海豚都是鲸类动物，这些哺乳动物一生都生活在水中。它们靠强有力的尾叶推动光滑的身体，用鳍状肢掌控方向。鲸类动物中的蓝鲸，是地球上生活着的最大的动物。

❷ 食肉类动物

这类哺乳动物是天生的猎手和食腐者，主要以肉为食。食肉动物包括虎等猫科动物的成员，还包括狼、狐、水獭和熊。大多数行动敏捷，依靠灵敏的视觉、嗅觉和听觉定位猎物，用锋利的牙齿捕捉和撕咬猎物。

虎

❸ 有袋类动物

这类有袋的哺乳动物被发现于澳洲和美洲，包括袋鼠、树袋熊和负鼠。雌性有袋动物产下未发育完全的幼崽后，将它们置于育儿袋中继续发育长大。

袋鼠

❹ 奇蹄类动物

有蹄类动物用它们的趾尖行走，趾尖被坚硬的蹄子包裹着。奇蹄类动物包括犀牛、马、斑马和貘，有1或3个用于行走的足趾。它们都是食草动物，大多数物种生活在辽阔的草原上，奔跑速度很快。

❺ 兔类动物

穴兔和野兔都属于兔类动物，是行动敏捷的陆地"居民"，以草、嫩芽和树皮为食。它们的大耳朵很灵敏，鼓鼓的眼睛可进行全方位的观察。一旦察觉到任何的风吹草动，就会用长长的后腿逃跑以躲避捕食者。

长长的后腿和脚用于快速、长距离的弹跳

蹄子由角蛋白构成，它也是组成人类头发和指甲的物质

小犀牛

鼠

兔子

非洲象

食果蝠

翼膜跨过长长的指骨延展开来

❻ 蝙蝠

唯一会飞行的哺乳动物，通常在夜间活动。大多数身型小，以昆虫为食，如世界上最小的蝙蝠——凹脸蝠，身体只有大黄蜂般大。另一种体型稍大的果蝠以水果和花蜜为食，用它们的大眼睛寻找食物。

❼ 象

象有3种，其中两种生活在非洲，一种生活在亚洲，它们是最大的陆生动物。象是社会性动物，生活在一个大家庭中，彼此通过象鼻的闻嗅和接触进行交流。

——象鼻是鼻子的延伸，它的作用是抓住食物并把食物放入嘴中

鹿

❽ 偶蹄类动物

这类动物包括鹿、牛、骆驼、河马和猪，它们通常只有两个足趾。这些食草动物用巨大的臼齿来咀嚼坚硬的植被，有的还长有4个大胃室来帮助消化吃下的坚韧植物。

❾ 灵长类动物

这一类动物包括猿、猴子、狐猴、婴猴和人类。大多数灵长类动物群居在热带和亚热带丛林中。它们中的绝大多数四肢柔韧修长，擅长攀爬，有可抓握的手指和脚趾。灵长类动物还有向前的双眼和相对于身体来说较大的脑。

❿ 单孔类动物

针鼹和鸭嘴兽是发现于澳大拉西亚的单孔类动物，它们是唯一产卵的哺乳动物。孵化出来的幼兽吸吮母兽的乳汁。鸭嘴兽是游泳好手，在溪流和湖泊的河床上觅食。针鼹以蚂蚁和白蚁为食。

⓫ 食虫类动物

昆虫和其他小型动物是哺乳动物的猎物。典型的食虫动物体型很小，单独在夜间活动。它们有锋利的牙齿，依靠灵敏的嗅觉和触觉寻找食物。它们包括鼩鼱和刺猬。鼹鼠是食虫动物，生活在地下。

⓬ 啮齿类动物

啮齿类动物有2000多个物种，组成了哺乳动物中最大的一个类群。除南极洲外，地球上任何地方都有它们的踪影。啮齿动物包括家鼠、田鼠、松鼠、河狸和豪猪。为了啃食坚硬的食物，它们拥有两对锋利的门齿。门齿不断生长，因此不会被磨损掉。

狒狒

鼹鼠

针鼹

鸟类

鸟类具有飞行能力，这意味着它们可以将任何不可思议的地方占据为栖息地，如崖面、雨林的树冠层和山坡上。鸟类具有翅膀，身躯轻盈呈流线型，体表覆盖着保温的羽毛。它们没有牙齿的锋利的喙，由于食物种类和进食方法的不同，大小、形状各异。鸟类有近1万种，分为29个目，下面就其中的一部分做一介绍。

▶ **啄木鸟**
啄木鸟栖息于树上，用它们强有力的像凿子似的喙在树干上挖洞觅食，这一目还包括巨嘴鸟。

▶ **企鹅**
这类不会飞的海鸟用翅膀一样的鳍状肢在水中划动，推动流线型的身体前进，追捕鱼类和乌贼。

▶ **几维**
驼鸟（世界上最大的鸟）、鸸鹋和几维是没有飞行能力的鸟类。随着时间的流逝，它们丧失了飞行能力，只能依靠奔跑来躲避捕食者。

▶ **鹬**
这种生活在陆地上的鸟被发现于南美的草原上。它们善于伪装，翅膀小，奔跑速度很快，能做短距离飞翔。

▶ **咬鹃**
世界范围内的热带雨林都有分布，咬鹃拥有艳丽的羽毛，主要以昆虫为食。

▶ **蜂鸟**
蜂鸟的羽毛五颜六色，长着长长的喙，常停留在花前吸食蜜露。它们的近亲雨燕大部分时间都在空中捕食昆虫。

▶ **火鸡**
火鸡属于猎禽，生活在陆地上，很少飞行，这一目还包括雉和孔雀。

▶ **䴙䴘**
它们的小脑袋和细脖子使潜水变得异常容易。䴙䴘是游泳健将，生活在湖湾中。

▶ **天鹅**
与鸭和鹅同属一科，天鹅长着宽大的蹼状足，是具备优秀游泳技能的水禽。

▶ **翠鸟**
翠鸟栖息在河边等待猎物，一旦发现便跃入水中，用它们匕首般的喙捕捉目标。

▶ **鸽**
鸽子是丰满强壮的飞行者，行走时头会上下晃动。

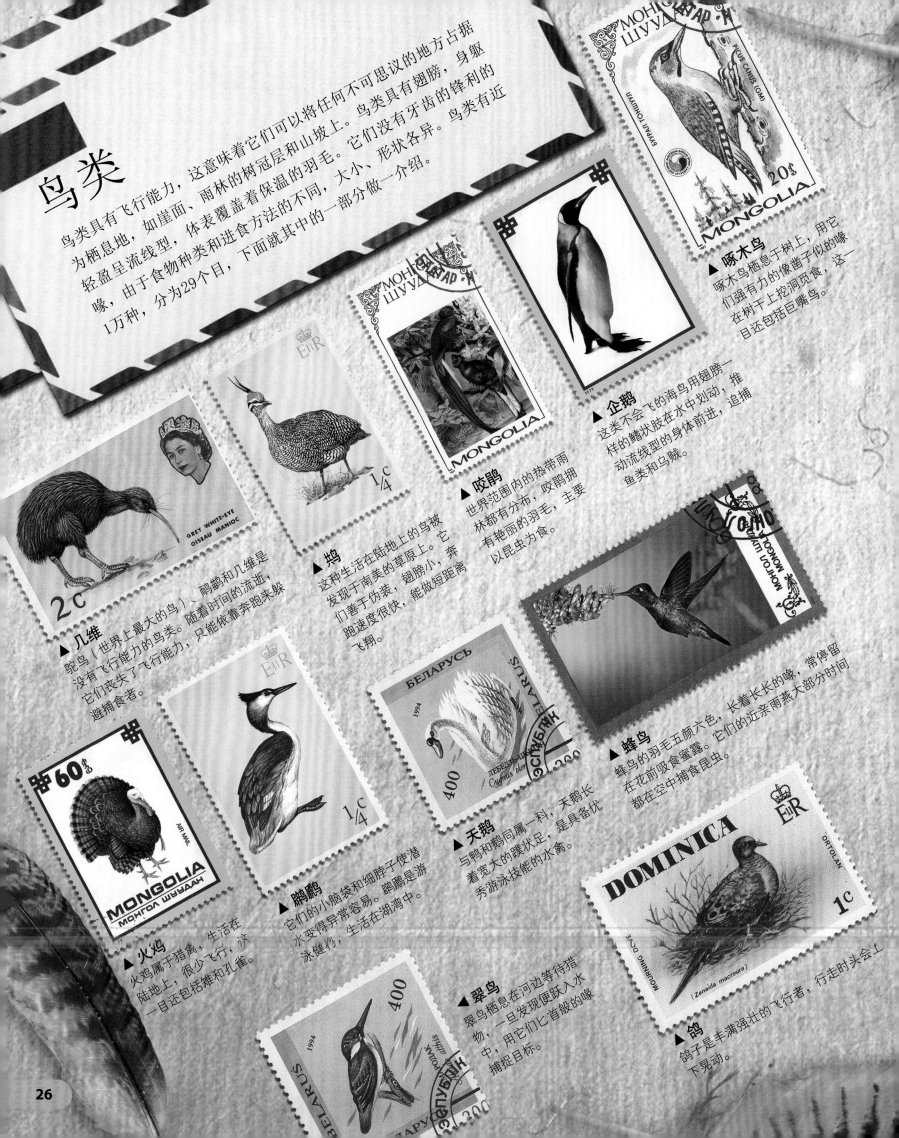

▲ 鹈鹕
鹈鹕与鲣鸟、鸬鹚同一目，它们捕食时将鱼类铲进袋状的喙中。

▲ 鸫
鸫是鸣禽，属于雀形目，这一目占全部鸟类的一半以上。

▲ 鹭
鹭拥有细长的腿，在浅滩涉水，利用长喙捕食鱼类和蛙。

▲ 鹤
世界上具有飞行能力的最高的鸟类，与长着长腿的鸫和秧鸡属同一目。

▲ 鸥
鸥与燕鸥都是海鸟，但同一目的其他成员常在水边捕食。

▲ 走鹃
走鹃是杜鹃科的成员。它们主要生活在陆地上，靠敏捷的行动捕食和躲避捕猎者。

▲ 信天翁
信天翁长期在海面上旅行，只有到了每年的繁殖季节，它们才返回同一繁殖地的海岛上产卵。

▲ 猛禽
鹰和其他猛禽都是强大凶猛的猎手，它们拥有超强的视力、异常锋利的爪子和弯钩状的利喙。

▲ 猫头鹰
作为夜间出没的猎手，猫头鹰有良好的听力和视力，这有助于它们侦察并抓住猎物。

▲ 欧夜鹰
这种长着长长的翅膀的鸟类和它的近亲白天栖息在树上或陆地上，在黄昏到黎明这段时间内捕食昆虫。

▲ 火烈鸟
火烈鸟是拥有长腿和长颈的高大涉禽，大部分火烈鸟生活在热带湖边，觅食时喙倒转向上，通过弯曲的长颈将动物和植物丛水中滤进体内。

▲ 鹦鹉
这种丛林鸟类善于攀爬和飞行，以水果和坚果为食。

潜鸟 ▲
流线型的身体使其成为在水下游泳的能手，但在陆地上行走却很困难。

爬行动物

鳄、眼镜蛇、陆龟和壁虎都是多种多样的脊椎动物中爬行动物的代表。大多数爬行动物生活在陆地上，它们坚硬的鳞状皮肤能阻止水分流失，即使在酷热的沙漠生境中也能生存。大多数爬行动物产下皮质外壳的卵，也有一些是卵胎生。爬行动物是外温（冷血）动物，它们靠晒太阳取暖，躲在阴暗处避暑。

杰克森变色龙

当自己的地盘被侵占时，雄性会利用角来与入侵者决斗

美洲短吻鳄

带有黏性的足垫能让它吸附在任何物体的表面上

大壁虎

强有力的下颌和牙齿是攫获猎物的武器

尼罗鳄

冀环林蛇

具有爆发力的扁尾左右摇摆，推动鳄在水中前进

科莫多巨蜥

绿安乐蜥

玉米锦蛇

强健四肢的末端是锋利的爪

在夜晚，颊窝可探测到猎物释放出的热量，从而绘制出一幅"热感应图"

蟒蛇

蛇颈龟

唾液中产生的毒素会通过血液使猎物中毒

沙龟

❶ 鳄

这种残暴的大型捕食者包括鳄和短吻鳄。它们常在河流和湖泊中静等放松警惕的动物，趁其不备，用强有力的颌咬住猎物，将其拖入水中。它们的眼睛和鼻孔长在头部上方，即使隐匿在水中，也能看清猎物，并使呼吸保持顺畅。

❷ 蜥蜴

在约8000种爬行动物中，有一半以上是蜥蜴。它们中的大多数是行动敏捷的猎手，包括壁虎、石龙子、变色龙、蛇蜥、科莫多巨蜥和钝尾毒蜥。

❸ 毒蛇

所有的蛇都是食肉动物，其中有1/10的蛇，如蝰蛇、眼镜蛇和响尾蛇，它们靠毒牙向猎物体内注入毒液来捕食。

❹ 无毒蛇

许多蛇没有毒液，如蟒、玉米锦蛇和蚺。它们先用锋利的牙齿咬住猎物，接着用身体紧紧缠缢住猎物，直到猎物窒息而亡。然后像所有蛇一样，将猎物整个吞进腹中。

❺ 水生龟和陆生龟

这些爬行动物的身体被坚实的外壳保护着。水生龟生活在海洋和淡水中，陆生龟生活在陆地上。水生龟和陆生龟都在陆地上产卵，水生龟会横渡海洋迁徙到繁殖地产卵。它们没有牙齿，但下颌异常坚硬，能压碎食物。

❻ 楔齿蜥

这种穴居爬行动物被发现于新西兰，是蛇和蜥蜴的远古近亲中唯一的幸存者。它们是夜行性动物，寿命大于100年。

❼ 蚓蜥

这种蠕虫状的爬行动物生活在地球较热的地区。它们中的大多数没有足，所有蚓蜥都在地下穴居，用它们钝钝的头部推开沙土挖洞。蚓蜥具有很简单的眼，吃它们遇到的昆虫和蠕虫。

飞蜥

腹部两侧延展出来的皮肤，使得蜥蜴可以滑行

褐色和黄色的斑纹是很好的伪装，使咝蝰藏匿在草丛里而不被发现

咝蝰

美洲鬣蜥

双嵴冠蜥

分叉的舌"品尝"着空气中的化学粒子

钝尾毒蜥

石龙子

棘蜥

锋利的起防御作用的棘刺在夜间收集露水

绿树蟒

蛇蜥

响尾蛇

蛇在攻击目标时，中空的毒牙中就会注入毒液

从眼镜蛇口中喷射出的毒液可致攻击者目盲

楔齿蜥

马岛残趾虎

赤眼镜蛇

长舌头舔舐没有眼睑的眼睛来保持清洁

蚓蜥

两栖动物

大多数两栖动物一部分时间生活在陆地上，另一部分时间在水中交配和繁殖。雌性产下没有壳的卵，在水中孵化后变成用鳃呼吸会游泳的幼体，叫做蝌蚪。当它们发育成熟时，成体长出肺，同时也能通过皮肤呼吸。两栖动物有三大类：蛙和蟾蜍、鲵和蝾螈以及较为少见的蚓螈。

树蛙

树蛙利用足趾间发达的蹼在树间滑行

非洲巨蛙

③

巴西金蛙

潮湿光滑的皮肤上没有鳞片

亚洲角蟾

箭毒蛙

豹蛙

雄性将成串的卵缠在后肢上

产婆蟾

欧洲林蛙

豹蛙

② 蝾螈

蝾螈大部分时间生活在水中，它身体修长，尾巴通常是扁平的，有助于在水中游动。在繁殖期，有些蝾螈会做出一些求爱的举动，比如令尾巴发出飕飕声来吸引雌性。

蝌蚪

① 泥螈

又叫泥狗。这些生活在北美洲的蝾螈几乎一生都生活在水下。和其他大多数蝾螈不同的是，泥螈进入成年期后仍保留外露的鲜红色的鳃。它们生活在河流和小溪中，捕食鱼类、龙虾和软体动物。

尾巴摆平摆击推动蝾螈前进

冠欧螈

①

泥螈

②

外露的鳃

❸ 蛙

蛙宽嘴、鼓眼，没有尾巴的身体短小精悍，皮肤光滑。它们强健的后腿和长着宽大脚蹼的足十分适合跳跃和游泳。很多蛙生活在热带森林中。

美洲蟾蜍

红眼树蛙

足趾顶端的吸盘可以帮助它抓紧物体

库氏掘足蟾

雄性将蝌蚪藏于声囊内，直至蝌蚪成熟

达尔文蛙

东方铃蟾

鲜艳的体色警告猎食者它是有毒的

❺ 鲵

和蝾螈一样，鲵生活在北半球温暖的地区。它的身体修长并伴有长尾，4条腿长度相等。尽管一部分鲵生活在水中，但包括真鲵在内的大部分鲵生活在潮湿的陆地上。它们通常夜间捕食。

真鲵

鸭嘴树蛙

在树皮色背景的衬托下，奇特的头部形状可以帮助它伪装

绿曼蛙

玻璃蛙

透明的皮肤下心脏和肠子清晰可见

无肺螈

蝾螈通过皮肤呼吸

蚓螈

通过大声囊发出的声音来吸引配偶

水泡窄口蟾

细小的腿从蝌蚪身上长出

❻ 蟾蜍

很难将蟾蜍和蛙区分开，蟾蜍的典型特征是皮肤干燥带疣，脚趾间没有蹼，腿较短，更喜欢生活在陆地上。包括库氏掘足蟾在内的一些蟾蜍，生活在沙漠中，还会挖洞避暑。

❹ 蚓螈

这种蠕虫状无腿的两栖动物生活在炎热潮湿的地方，有的生活在水中。它们利用尖尖的头部在泥土中钻洞，敏感的头部触觉帮助它们寻找到蚯蚓并靠锋利的牙齿捕食其他猎物。

外露的鳃

目盲的洞螈生活在黑暗潮湿的地下洞穴中

洞螈

色彩鲜艳的斑
纹打破了神仙
鱼身体轮廓，
以迷惑捕食者

皇后神仙鱼

鱼类

鱼类是生活在江、河、湖、海中的脊椎动物。它们流线型的身体上覆盖着起保护作用的鳞片，鳍起着推动和掌控方向的作用。鱼类分为3类：无颌鱼，如七鳃鳗；软骨鱼，如鲨和鳐；硬骨鱼，是体型最大且数量最多的鱼类，它们形态各异，包括这里列举的很多鱼类。

① 双髻鲨

海马

体表覆盖着骨板

梭鱼

厚重的鳞片覆盖在腔棘鱼体表

⑤ 腔棘鱼

② 鮟鱇

③

④ 蓑鲉

① 鲨

这种可怕的捕食者生活在海洋中，它们的身体表面覆盖着细小盾鳞（一种与牙齿构造相同的鳞片），具有敏锐的感官，坚硬的鱼鳍以及成排锋利的牙齿。

② 鮟鱇

鮟鱇头部的衍生物吸引着充满好奇心的猎物，当它们靠近鮟鱇的嘴边时，鮟鱇一口吞掉这些"参观者"。

③ 七鳃鳗

这种吸血的鱼类是古老鱼种中少数幸存者之一，属于无颌鱼。它们拥有光滑无鳞的皮肤，用布满牙齿的吸盘紧紧吸住其他游动的鱼类。

④ 蓑鲉

它是大海中具有毒性的硬骨鱼的一种。带有毒性的长长棘刺令捕食者束手无策。鲜艳的颜色同时也显示出了它的危险性。

⑤ 腔棘鱼

腔棘鱼的肉鳍可以被肌肉拉动，因此它不仅能游泳，也能在海床上"行走"。它曾一度被认为在6500万年前绝灭，而1938年人们又再次发现了它的身影。

⑥ 鳐

鳐的身体扁平，口长在身体下侧，只能以海床上的动物为食。它们扇动着像翅膀一样的鱼鳍在水中游动。

触觉敏锐的
长须用于定
位猎物

7 鲟

9

鳀

向上的大眼睛
能锁定从头顶
游过的猎物

8 斧头鱼

鳐的眼睛位
于头部上方

6 斑点鳐

10 银鲑

石斑鱼

海鳗 **11**

11 海鳗

海鳗生活在热带水域中，
有着像蛇一样的身体，身
长可达3米。它们设伏捕
猎，躲藏在岩石和暗礁的
裂缝里，一旦猎物出现，
便用利齿发起攻击。

10 鲑鱼

鲑鱼与2.5万种鱼类中的
90%相同，属于硬骨鱼。
它们有着硬骨架和柔韧的
鱼鳍。鲑鱼和它的近亲鳟
鱼都是游速很快的食肉动
物，它们长着锋利的牙
齿，常埋伏起来短距离攻
击猎物。

9 鳀

银白色的鳀组成鱼群，以
滤食水中的微生物为生。
稠密的鱼群由数千个个体
组成，常常会吸引很多捕
食者。

8 斧头鱼

这种斧头形状的鱼栖息在
黑暗的深海中。用腹部的
发光器官伪装身体，以迷
惑捕食者。

7 鲟

鲟是硬骨鱼类的一个原始
分支，它们的身体上覆盖
着硬鳞（骨片）而不是软
鳞片。

棘皮动物

这些与众不同的生物只生活在海水里。棘皮动物里包括它们的近亲，都没有明显的头部，它们身体呈辐射对称，分为5个相等的部分。口通常位于身体底部。身体由钙化的骨板构成的内骨骼支撑着，位于管足末端的吸盘，它们的液压系统将水从香肠状的管足压进压出，用于移动身体。

① 海雏菊

这种小型棘皮动物呈扁平的圆盘状，没有触手，但身体边缘绕着一圈刺。它们的构造与其他棘皮动物相似，身体分为5部分。主要以细小微小的软体动物为食。

② 羽毛星

和它们的近亲海百合一样，羽毛星这种看起来像植物的动物通常靠茎固定在海底，有的羽毛星成年后可在水中自由游动。羽毛星的口向上，位于身体中央。进食时，用触手把周围水中的微粒送入口内。

③ 海参

海参的身体比其他棘皮动物都柔软。它们的身体前端是口，后端是肛门。口周围环绕的触手将水中的食物微粒送入口中，为躲避敌害，有的海参将黏糊糊的内部器官从肛门喷射出来。

④ 海蛇尾

海蛇尾从从小小的圆盘状身体中伸展出细长的触手，通过摆动触手像蛇一样蜿蜒前行。当遇到危险时，海蛇尾可以将触手切断，断掉的触手还能再生。海蛇尾以过滤水中的微生物或捕捉小型动物为食。

⑤ 海星

海星以星状的身体为中心伸出，它有5条或更多的触手来捕食者。用吸盘状的管足在腐动物也是捕食者。它们将胃从口中吐出，再将汁液消化酶在体外溶解，再将汁液微粒送入食物利用消化酶在体外溶解，吸回体内。

⑥ 海胆

海胆的球形身体没有触手，但却有坚硬的外壳。外壳上布满许多能移动的棘刺，用于或帮人和辅助移动。管足从壳上的孔中穿出到达体表。海胆在岩石上移动缓慢，以海藻或小型动物为食。

⑦ 沙钱

作为海胆的近亲，沙钱不规则的扁平着的身体表面覆盖着很多小棘刺。身软的体形状使它们很容易钻进柔软的沙子里。

甲壳动物

从微小的丰年虾到巨大的蜘蛛蟹，5万多种甲壳动物形态各异，主要生活在海洋和淡水中。甲壳动物都有坚硬的外骨骼或外表皮，连接着足；两对敏感的触须，1对复眼生于眼柄之上。它们的头部和胸部常覆盖着甲壳。

鳃足纲动物 ▼

这种小型甲壳动物靠叶片状的躯干肢移动、呼吸和收集食物微粒。尽管属于鳃足纲的丰年虾生活在盐湖或盐田中，但大部分鳃足纲动物都生活在淡水中。丰年虾的生命周期很短，但产下的卵能休眠若干年。

桡足类动物 ▶

在海洋表面的浮游生物中存在大量的桡足类动物，同时，这些微小的甲壳动物在淡水中也能生存。桡足类动物身体呈透明的泪珠状，有一个复眼和大而粗壮的触角，触角和胸足是身体的游泳器官。

淡水剑水蚤

丰年虾

鼠妇蜷缩
成丸状

雀尾螳螂虾

鼠妇 ▶

又叫潮虫。除鼠妇外，甲壳动物中没有完全适应于陆地生活的物种。鼠妇在黑暗潮湿的地方生长旺盛。它们以死掉的植物，如腐烂的木头为食。它们的背部被一层坚硬弯曲的骨板保护着，雌性的身体下方长着一个特殊的用来携带卵的育儿袋。

鼠妇

◀ 虾蛄

这种凶猛的捕食者既不是虾也不是螳螂（一种昆虫）。它的第2对附肢通常呈合拢状，形似螳螂的前足，既适于刺穿猎物也能撕碎猎物。虾蛄伏击猎物时，会快速弹出附肢将其杀死或肢解。

螯虾

龙虾和螯虾 ▶

大型甲壳动物有着坚硬的外壳和较长的腹部，龙虾夜间纷纷现身，用它们巨大的螯压碎猎物。龙虾在海床上行走，也能轻弹尾巴向后游动。螯虾类似小型龙虾，生活在淡水河流和小溪中，它们在淤泥中挖洞穴居。

蟹 ▶

蟹的身体短而宽，被坚硬的甲壳保护着，很容易辨认。大多数蟹生活在大海里，也有一些生活在淡水和陆地上。蟹有5对胸足，其中第1对是强有力的螯钳，用来抓牢、压碎食物，抵御敌人，与其他蟹之间传递信号。另外4对步足能让蟹横向疾走。

滨蟹

欧洲龙虾

蜘蛛蟹

▼ 磷虾

体型微小的似小虾的磷虾分布在全世界范围内的广大海域中，它们是很多大型海洋动物的重要食物来源。

磷虾

螯虾

日本对虾

虾 ▶

这些小型的海底居民有着近乎透明、高度弯曲的外骨骼。虾用步足游泳或在海床上行走。如遇威胁，它们便会向下轻弹尾巴，使身体向后飞射出去逃离危险。大多数虾几乎什么都吃，甚至用它们的小钳子采摘一些死去动物的碎屑。

藤壶 ▼

在生命初期，藤壶自由自在地游动，但它们很快会定居下来，附着在岩石、船只、防波堤及鲸身上，甚至还在其他甲壳动物体表上结壳。成年藤壶的外表出石灰质壳板包裹。有些藤壶直接固着在物体上，鹅颈藤壶则用头部的肉柄固着在硬物上。藤壶捕食时会打开小骨片形成的壳盖，体内羽状蔓足从开口处伸出，滤食水中的浮游生物。

鹅颈藤壶

蛛形纲动物

蜘蛛、蝎子和其他蛛形纲动物大部分是陆生捕食者。绝大多数蛛形纲动物无用毒液使猎物丧失行动能力，再向它们体内注入消化酶，随后吸食猎物的汁液。蛛形纲动物的身体分为两部分：前部是头胸部，后部为腹部。头胸部有6对附肢。第1对是像爪一样的螯肢；第2对是既像腿又像猴牙一样的触肢。其余4对附肢是步足。蜘蛛的腹部有一个能分泌丝状物的腺体。

❶ 盲蛛

常被误认为是蜘蛛。盲蛛的身体呈椭圆形。头胸部和腹部间无明显的分隔，它们依靠第2对长长的足来探路和觅食。主要以小型昆虫、死去的动物和粪便为食。有些盲蛛在受到威胁时能将腿切断以逃离身体，断掉的腿能继续行走以迷惑敌人。

墨西哥红臀狼蛛

❸ 蜘蛛

蛛形纲一半以上的物种是蜘蛛。它们能分泌蛛丝，如圆网蛛吐丝结网捕捉昆虫。其他种类的蜘蛛，如捕鸟类的蜘蛛和跳蛛常跟踪捕猎物。

❻ 蝎

蝎子生活在较热的地区，夜间捕食，用特殊的振动传感器官足位感知它们其他的猎物。它们用锋利的螯肢爪状的螯肢抓住其他猎物，再用锋利的螯肢将其分解成小块。

❼ 雷达蝎

这些热带蛛形纲动物身体扁平宽大，横向行走，用它们细长的第1对螯肢感知昆虫，然后用钳状的触肢抓住猎物。雷达蝎是夜行性动物，白天躲藏在石头、落叶层下面或洞穴里。

洞穴蜘蛛

❽ 螨和蜱

螨和蜱是最小的蛛形纲动物，有些肉眼几乎看不到。它们的身体呈圆形，头胸部和腹部通常是一整块。土壤和水中有成百万的螨，它们也是动植物身上的寄生虫。蜱以哺乳动物和鸟类的血液为食，用带有倒钩的口器刺穿皮肤吸食血液，吸食血液后身体会膨胀得非常大，之后会离开寄主身体。

圆网蛛

花皮蛛

❹ 伪蝎

伪蝎形似没有尾和螯针的微缩版蝎子。它们的触肢中有毒腺，能令昆虫和其他小型猎物失去行动能力。伪蝎在落叶层、土壤中、树皮和石块下搜寻猎物。

盲蛛

❺ 避日蛛

又称风蝎。这些行动迅速的蛛形纲动物生活在沙漠里。它们用长长的敏锐的触肢定位和捕捉猎物，再用钳子般的螯肢杀死和咀嚼猎物。

腹部位于身体后半部

蟹蛛

漏斗网蛛

高胸蛛（狩猎蛛）

头胸部位于身体的前半部

螯肢用来向猎物体内注入毒液

② 捕鸟蛛

这种夜行性捕食者是世界上最大的蜘蛛。捕鸟蛛体表覆盖的短而硬的毛，能帮助它们感知周围环境。它们用毒牙刺进猎物身体，将消化液注入伤口，然后吸食猎物的体液。它们的猎物包括昆虫、蜥蜴和鸟类。

头胸部连接着4对步足

蟹蛛

黑寡妇蛛

触肢形似真正的蝎子

伪蝎

跳蛛

尾顶端的螯针用来防御和使挣扎的猎物安静下来

避日蛛没有毒肢，用大螯肢来杀死猎物

亚洲雨林蝎

幼蝎骑在妈妈的背上

避日蛛 ⑤

⑥

螯状触肢用来抓紧猎物

金蝎

尾巴节节相连，因此可以向前弯曲

墨西哥红膝捕鸟蛛 ②

腿状的触肢用来抓牢猎物

毛能弹到敌人脸上，使对方皮肤感到刺激

鞭状前腿用来感知周围的路 ⑦

雷达蝎

跳蛛

向前的眼睛用来判断距离

家蛛

蜱 ⑧

刚刚吸完血，身体就膨胀起来

昆虫

从蜜蜂到蝴蝶，昆虫组成了地球上最为辉煌的一类动物群体。已被命名的昆虫有100多万种，尚有1000万～3000万种昆虫还未被发现。昆虫的身体分为3部分：头部有两只复眼和1对触角；胸部连接着3次足，大多数有两对翅；腹部有生殖器官。除海洋外，昆虫的身影随处可见。

▼ 蜻蜓

这些行动迅速的猎食者有可轮流扇动的前翅和后翅，它们能够做出不可思议的飞行动作。蜻蜓的眼睛很大，视力极佳，可以发现处于较远距离的猎物，如苍蝇，发现后便会俯冲将其捕杀。

蓝晏蜓身体修长，翅又长、翅又长、薄又长。

蓝晏蜓

扁平的身体可以让它钻进很小的缝隙中

美洲大蠊

螳螂

▼ 蚱蜢和蟋蟀

尽管蚱蜢和蟋蟀都有大翅膀，但它们更乐于借助长长的后肢跳跃着逃离危险。所有的蚱蜢和蟋蟀都有咀嚼式口器。蚱蜢和它们的近亲螳螂是食草动物，蟋蟀则是食腐动物或杀食动物。

沙漠蝗虫

雄性蝗虫用后腿与翅膀摩擦发出的声音来吸引雌性

▲ 蜚蠊

俗称蟑螂。这些主要在夜间活动的昆虫对振动非常敏感，一有潜在的威胁就匆匆逃跑。大多数蜚蠊生活在热带和亚热带地区，通常是食腐动物，侵扰家庭害虫，它们传播疾病，以食物碎屑为食。

切叶蚁

两根长触角

姬蜂

熊蜂

扁头泥蜂

▲ 螳螂

因1对前腿举起，似在祷告，所以又叫祈祷螳螂，它们是独行侠，独自狩猎。三角形的头部长有1对大眼睛，身体能和树叶完美地融合在一起。螳螂静等猎物进入攻击范围后，才弹出带有尖刺的前肢抓住猎物，然后进食。

▼ 黄蜂、蜜蜂和蚂蚁

这些昆虫胸部之间具有苗条的"腰"。雌性有蜇针。很多物种，如木蚁和蜜蜂，都生活在庞大的、具有高度组织性的群体中，它们是重要的花粉传播者。

青蜂

雄性行军蚁

三齿雄性云斑翅膀

40

▼甲虫

甲虫至少有37万种，构成昆虫中最大的一个类群。它们坚硬的前翅称为鞘翅，保护后翅和腹部。甲虫在淡水中和陆地上随处可见，它们用锐利的口器吃植物、菌类、其他昆虫以及死去的动物和粪便。

隐翅虫

龟甲虫

金龟子

象鼻虫

苦丁虫

已不见的鞘翅

达尔文甲虫

雄性达尔文甲虫拥有一副大颚

▼蝽和蝉

所有蝽都有进食管，能刺入食物吸食液体，例如大部分盾蝽和蜡蝉。善于伪装的角蝉从植物中吸取富含糖分的汁液。而水蝽科，如仰泳蝽则捕猎其他无脊椎动物和小型鱼类。

红黑纹蝽

角蝉

仰泳蝽

长腿用来游泳

灯蛾

蛾的翅上覆盖着数千微小的鳞片

非洲长尾蛾

▼蝇

这些灵巧飞行者只有1对翅，靠吸食液体生存。这个类群包括花蜜吸食者，如蜂虻和大蚊；腐食分解者，如家蝇；捕猎者，如食蚜虻，食蚜虻以其他昆虫为食。

大蚊

真正的蝇只有1对翅

提琴步甲扁平的身体看起来像一把小提琴

食蚜虻

蜂虻

南美刷足蝶

蝶和蛾▶

蝶的体色通常五彩斑斓，它们白天活动，但大部分的蛾却是夜行性动物。它们都用蜷曲的进食管（喙）吸食花蜜和其他液体。

绿天蛾

软体动物

从花园里的蜗牛喻到孕育珍珠的牡蛎，这类令人惊奇的种群包括10万多个形态各异的物种。大多数软体动物具有一些共同的特征。它们都有柔软的身体，通常被石灰质的硬壳保护着。用称做齿舌的硬口取食物。它们用于爬行的足部肌肉发达，掌角质小齿刮取食物。大多数软体动物属于腹足纲，这一纲的动物包括鳃呼吸。大多数软体动物包括蜗牛和蛞蝓。

头足动物 ▶

章鱼、乌贼、鹦鹉螺、鱿鱼和其他头足动物都是智商较高的软体动物。它们都有一个较大的头和一张四周环绕着触手和触角的口，触手用来移动。捕捉鱼类和蟹。口部有一个坚硬的像和锯齿状的齿舌，用来将食物拖入口中。头足动物利用喷射产生的推进力快速移动。

壳内的小
室，用以
提供浮力

鹦鹉螺

嗜乌贼鱼

普通章鱼

吸盘用来
抓牢猎物

蓝环蟓

▼石鳖

这些生活在岩石海岸的栖息者有一个扁平的壳。由8片骨片层叠构成。落潮时，石鳖紧紧地吸附在岩石上。如果从岩石上脱落，它们会将身体卷缩成球状保护自己。涨潮时，它们用强壮的足缓慢爬上岩石，用齿舌将岩石表面的海藻和其他微生物刮下吃掉。

黑壳菜蛤

壳打开，鳃、瓣及取水流盖

织锦芋螺

艳红芋螺

芋螺用带有毒性的鱼叉状齿舌麻痹猎物

双壳类 ▶

包括蛤和贻贝，在淡水和海洋中都有分布。双壳类因具有两片铰合的贝壳而得名。它们的大瓣状鳃从流进壳内的水中滤取氧气进行呼吸，这个过程叫做滤食。鳃滤出食物微粒后再传送到口中。

鲜艳的颜色警告捕食者海蛞蝓是有毒的

对裸鳃海蛞蝓

诺氏长峨螺

鳃藏在螺旋状的壳中保护柔软的身体

细缘绶贝螺

欧洲笠螺

角贝 ▶

这些壳形似微型象牙的海洋软体动物生活在近海，栖息在海床上。它们没有眼睛的小头上长有许多有触须。当小头从壳开口较大的一端探伸出来时，触须扫过海床，将食物微粒送入口中。

腹足动物 ▶

大多数腹足动物生活在海洋中。它们头部长有眼睛和触角，强壮的足部为爬行提供支持。除腹足动物外，腹足动物都有一个大大的外壳，通常呈螺旋状。大多数腹足动物，如芋螺、峨螺、胃螺和海蛞蝓都是食肉动物。帽贝是食草动物，有一个简单的圆锥形壳。

蠕虫

"蠕虫"这个词常用来描述身体长而柔软，通常没有腿的无脊椎动物。蠕虫的栖居环境很广泛，包括土壤、热带森林、湖泊、河流和大海。扁形虫是最简单的蠕虫，具有扁平的形似缎带的身体。环节动物的身体分成明显的节。其他蠕虫还包括星虫和天鹅绒虫。

▼ 蛭类

这种环节动物扁平的身体两端都有吸盘。大多数在淡水中游动生活。在没有水的地方，它们将吸盘吸附在物体表面，弓起身体前行。75%的蛭是吸血者，剩下的大部分捕食其他无脊椎动物。

▼ 星虫

这种蠕虫栖息于浅海的洞穴中，身体前端细长，口位于顶端，有触手，身体后端肿胀。受到威胁时，它们将前端缩进躯干内，看起来形似花生壳。星虫通过触手从沙土中滤食微粒。

大部分体节上长有被叫做刚毛的微小硬毛

天鹅绒虫 ▼

天鹅绒虫栖息于热带森林中，它们具有蠕虫状的身体，配以多达43对短而粗且带有爪的足。头部有敏锐的触角、颌和能喷射出黏液的腺体。捕食时用黏液困住猎物。

体表覆盖有湿滑的黏液

▼ 涡虫

这种扁形虫生活在高温潮湿的地方。它们在土壤或落叶上爬过后会留下一层薄薄的黏液。涡虫用位于身体底端中间的口吃其他蠕虫、蛞蝓和昆虫幼虫。

海扁虫 ▶

多肠目扁虫（海扁虫）的身体呈椭圆形，体色通常很鲜艳。与其他扁形虫不同，它们生活在珊瑚礁上。亮丽的颜色告诫潜在的捕食者，它们的味道很差。大部分多肠目扁虫都是猎食者，以较小的无脊椎动物为食。

身体边缘的褶皱能让蠕虫移动

孔雀缨鳃蚕 ▶

孔雀缨鳃蚕是多毛纲的一种刚毛蠕虫，生活在海底，固定在由黏液和砂粒构成的管道里。管子顶端的开口处，环绕着一圈"羽冠"触手，捕捉流过身边的食物微粒。如遇威胁，蠕虫迅速折叠收起"羽冠"，缩进管内。

环毛蚓 ▲

环毛蚓身体成圆筒状，通过改变体形来挖洞。它们将身体前端伸长，用体表微小的刚毛摩擦洞穴，身体后部向前跟进。环毛蚓是环节动物，以土壤为食，消化土壤中腐烂的植物成分。

火刺虫 ▼

像其他多毛纲动物一样，火刺虫依靠桨状瓣足来移动。桨状瓣足上有刚毛，可以刺入皮肤。火刺虫的刚毛具有毒性，接触后可致麻痹。火刺虫生活在礁石上，以珊瑚虫、海葵和其他甲壳动物为食。

每节都有1对长有刚毛的瓣足

触手上聚集
很多微小的
动物

僧帽水母

栉水母

五卷须金黄水母

④

箱水母

触手能产生
致命的毒针

①

海绵、水母和珊瑚

动物界形态最简单的成员，分别属于多孔动物门、刺胞动物门和栉水母动物门3个门。多孔动物门的成员海绵，靠滤食水中的食物为生。刺胞动物门包括水螅、水母、珊瑚和海葵，它们都有带刺细胞的触手，能麻痹和捕捉猎物。栉水母动物门以栉水母最为人们熟知，它是刺胞动物的近亲。

❶ 栉水母

这种海洋浮游生物娇弱纤细，身体几乎呈透明状，在海水中漂浮游荡。从身体顶端延伸至底部的8列毛发状的纤毛，在波浪中不断摆动，推动栉水母前行。大部分栉水母用两条具有黏性的触手捕捉猎物，但图中这种栉水母则一口吞下整个猎物。

❷ 海绵

海绵是所有动物中形态最简单的，与其他任何动物都不相同。大多数海绵附着在海床上，呈不对称生长。身体由许多微小骨针组成的多孔"骨骼"支撑着。水从小孔中流入，海绵滤食其中的食物微粒并加以消化。

❸ 水螅

从微小的海葵到奇特的僧帽水母，刺胞动物这个类群有着令人惊异的多种多样的物种。图中这只水母不是一个独立的有机体，而是由一群互相协作的动物组成的群体。其中，一部分组成凸出的充气囊，能让它漂浮；另一部分组成觅食的触手。

❹ 水母

作为"真正的"水母，钵水母身体呈钟形，体内充满的果冻状物质，是其英文名字的来源。它带刺的触手从钟形边缘伸出，用以捕食猎物。水母依靠收缩身体从底部挤出海水，向反方向推动身体移动。箱水母因其能使人致死的毒针而臭名昭著。

❺ 海葵

海葵看起来像五颜六色的植物，事实上它们却是以其他小型动物为食的捕食者。海葵的口位于身体顶端的中央位置，被带刺触手包围着。底端的基盘将身体固着在岩石上。如遇威胁，大多数海葵能从体内快速喷出水，使身体奇迹般地缩小。

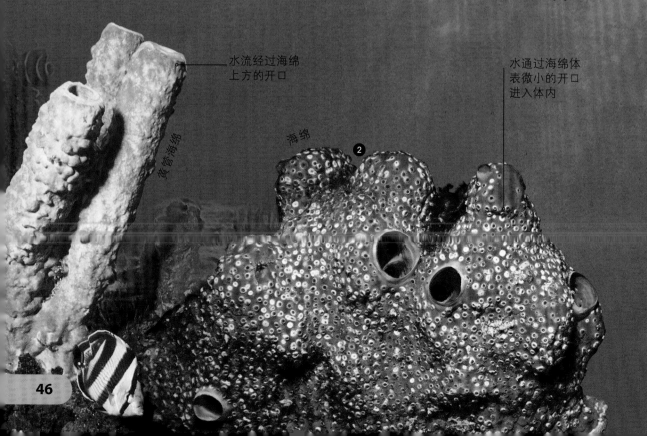

水流经过海绵
上方的开口

水通过海绵体
表微小的开口
进入体内

黄管海绵

海绵

②

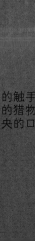

⑤

带刺的触手将
捕获的猎物送
进中央的口中

6 珊瑚

和微小的海葵相似，珊瑚以群体的
形式生活在清澈的热带浅海水域。
它们通过分泌碳酸钙形成坚硬的骨
架来保护自己。随着时间的推移，
与日俱增的珊瑚骨架会形成巨大的
珊瑚礁，为鱼类和其他海洋生物提
供生活的居所。

6

绿海葵

长须地毯海葵

古老的动物

大约10亿年前，动物首次出现在地球上。从那时起，一批数量庞大的动物物种开始繁衍进化，一代代成功地延续下来。绝灭（一个物种完全消失）也是这个进程中的一部分。动物整个种群体的消失是环境发生剧烈变化的结果。下面我们将介绍动物史上生存在过的一些动物。

5.2亿年前

奇虾

欧巴宾海蝎有5只眼睛

欧巴宾海蝎

▲5.2亿年前
在这个时间前后，寒武纪生命大爆发使得数量巨大、种类繁多的无脊椎动物出现在地球上的暖水中。奇虾身长60厘米，用两个翼状前肢拍打游七在海洋中。欧巴宾海蝎用它的长吻攫取猎物。

3.7亿年前

邓氏鱼的头部被坚硬的骨板保护着

邓氏鱼

裂口鲨

▲3.7亿年前
海洋中盛产许多早的有颌鱼类，包括新的鱼种。盾皮鱼是最早的有颌鱼类，包括邓氏鱼，它的身覆甲片，用如剃刀般锋利的牙齿将猎物撕咬成片状。最早的鲨鱼包括裂口鲨，它将捕到的猎物一口吞掉。

2.65亿年前

蜻蜓

▼2.65亿年前
这一时期，似哺乳爬行动物主宰了陆地。针叶林在温暖干燥的环境下繁茂生长。长棘龙是巨大的捕食者，背部长有船帆状的皮膜，能帮助它调节体温，也能令其行动更迅速。在空中，大蜻蜓则成为主要的猎食者。

— 长棘龙的帆状皮膜用来调节体温

1万年前

象 真猛犸象

大地懒

▲ **1万年前**

真猛犸象和大地懒是曾在地球上生存了200多万年的大型哺乳动物的代表。因为最后一个冰河时期的气候变化以及人类狩猎，使二者均于1万年前在全世界绝灭。

近代历史

渡渡鸟

袋狼

— 异特龙用锋利的牙齿将猎物撕碎

1.5亿年前

异特龙

翼手龙

▲ **1.5亿年前**

这个时期气候变暖，恐龙主宰着地球。包括凶猛迅速的食肉龙（如异特龙）以及体型庞大笨重、吃植物的恐龙。会飞翔的爬行动物，如翼龙，捕食小型动物。在6500万年前，所有的恐龙和翼龙全都绝灭。

近代历史 ▶

人类的出现以及他们的频繁活动加速了物种的绝灭。渡渡鸟是1598年毛里求斯发现的一种不会飞的鸟。到1681年，因为引入了猫、鼠和其他鸟蛋的动物，渡渡鸟绝灭。自从欧洲人到塔斯马尼亚岛上探险以来，袋狼也在20世纪30年代绝灭。

49

濒临绝灭

绝灭是地球上生命自然演化过程中的一部分。几百万年来，有些物种消失了，同时又有新的物种进化诞生。自17世纪以来，物种绝灭的速度持续加快，这是人类行为导致的直接后果。世界自然保护同盟的名单上，超过1.6万种的动物正濒临绝灭，包括下述物种。

东北虎 ▼

和其他虎一样，东北虎正面临绝灭的危险。虎受到政府保护，但偷猎者为了取得皮毛和身体器官，对它们进行捕杀。由于人类大量伐木，虎的栖息环境也日渐缩小。

回声鹦鹉 ▶

20世纪80年代，因为栖息环境的缺失以及鼠类对鸟巢的掠夺，只有10只回声鹦鹉还生存于印度洋的毛里求斯岛。从那时开始，人们采取了一系列的保护措施，使它们的数量逐年稳步上升。

▲ 泽氏斑蟾（巴拿马金蛙）

由于真菌感染，很多蛙的数量都在减少。泽氏斑蟾也不例外。它们最后在野外被发现是在2007年。此后泽氏斑蟾被人工保护并繁殖，该物种得以保存并延续下来。

加州神鹰 ▶

由于人类的诱捕、狩猎、毒杀，以及误撞高压线，使得这种美洲神鹰几近绝灭。1987年，仅存的22只加州神鹰经过人工饲养繁殖，成功地孕育出后代，现在数量正稳步上升。

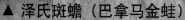

美国埋葬甲 ▶

这种甲虫曾经遍布全美，它们把啮齿动物和鸟类的尸体埋葬起来喂养后代。如今，只有少数埋葬甲还生存着，这或许是由于杀虫剂（一种杀死害虫的化学药剂）的广泛使用破坏了它们的栖息环境。

◀ 高鼻羚羊

从20世纪80年代开始，高鼻羚羊的数量锐减了90%，由于它们的角可以入药而遭到大量猎杀。目前，在俄罗斯和中亚的草原上仅有4个高鼻羚羊群体在野外生存着。

夏威夷蜗牛 ▶

夏威夷群岛的瓦胡岛曾经是41种树蜗牛的家园。但由于人类的捕杀和自然生活环境的缺失使得玫瑰蜗牛已经濒临绝灭。现在只有两种树蜗牛在野外生存。

◀ 西部低地大猩猩

作为我们的近亲之一，这种大猩猩生活在非洲西部的热带森林中。大猩猩的数量随着人口数量的激增而锐减。它们赖以生活的森林被砍伐用于农事，人们捕猎大猩猩食用。而致命的埃博拉出血热能夺走大猩猩和人类的生命。

▲ 弗洛里亚纳珊瑚

这种罕见的物种发现于加拉帕戈斯群岛。从1982年开始，珊瑚的面积已经减少了80%。造成这种后果的原因是全球气候变暖引起的太平洋海水升温，以及厄尔尼诺现象。

棱皮龟 ▶

棱皮龟曾经遍布全球的海洋中，而如今，它们面临着一系列的威胁。它们产在海滩沙穴中的卵被盗卵贼窥视着，而成年棱皮龟则可能被渔网捕捞或误将塑料袋当成水母吞进肚中，塑料袋会阻塞它们的消化系统。

头顶头

当两头雄性野牛相遇时，会用头相互顶撞来验证谁更强壮。竞争只是众多生存技能之一。为了生存，动物们每天都在实践着许多生存技能，如进食、交流和防御。

生存技能

呼吸

动物需要氧气，因为在它的参与下细胞才能
释放能量，以维持所有的生命活动。这个释放
能量的过程，叫做细胞呼吸。在释放能量的同时还产生
二氧化碳废气。动物如何吸收氧气取决于它们身体的复杂
程度和栖息的环境。很多动物靠肺或鳃从空气或水中吸收
氧气，继而通过血液循环系统将氧气输送到全身细胞。

扁形虫 ▶
这种形态简单的动物既没
有吸收氧气的呼吸系统，
也没有将氧气输送到细胞
的血液循环系统。扁形虫
直接透过身体表面吸收氧
气、排出二氧化碳。它们
的表皮非常薄，且极其宽
大，氧气能直接透过表皮
进入身体。

气囊连
接着肺

软体动物▶
软体动物如何吸收氧气取决于它
们的种类和栖息环境。陆生蜗
牛、蛞蝓和田螺都用肺吸取
氧气。海生软体动物，如海
蛞蝓、蛤、章鱼、乌贼都
用鳃呼吸。

▼ 鱼类
鱼类的鳃位于口的后方，因为血液
供应充足而呈红色。鱼类用口将
水吸入，经过鳃过滤，再将水
吐出。鳃溶解的氧气进入血
液系统，进行全身循环。

田螺

蝾螈蝌蚪

金鱼

两栖动物幼体▶
蝾螈幼体或蝌蚪，和其他
的幼体两栖动物一样，都
是从外露的羽状鳃从水中
吸收氧气。当蝾螈长成成体
后，鳃退化，肺发育出来。

外露的
羽状鳃

鳃由片
状鳃盖
覆盖着

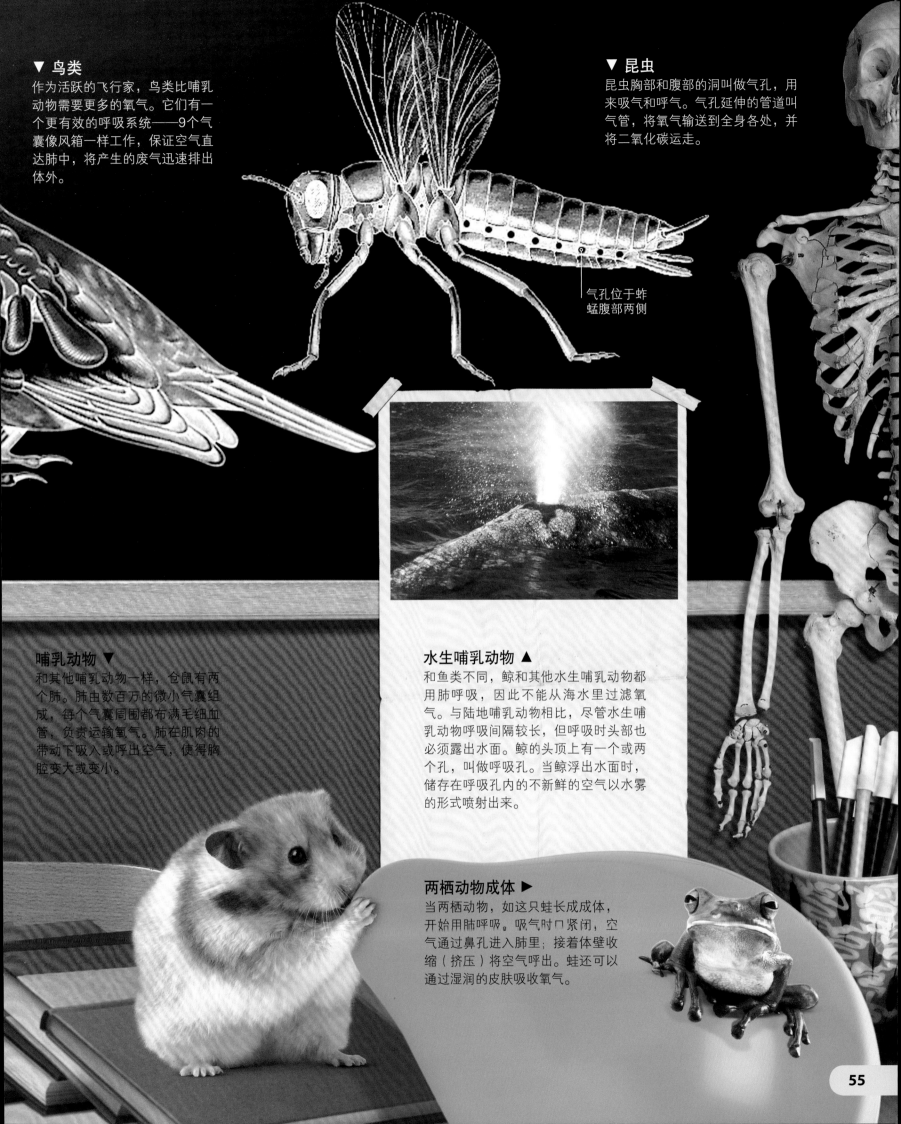

▼ 鸟类

作为活跃的飞行家，鸟类比哺乳动物需要更多的氧气。它们有一个更有效的呼吸系统——9个气囊像风箱一样工作，保证空气直达肺中，将产生的废气迅速排出体外。

▼ 昆虫

昆虫胸部和腹部的洞叫做气孔，用来吸气和呼气。气孔延伸的管道叫气管，将氧气输送到全身各处，并将二氧化碳运走。

气孔位于蚱蜢腹部两侧

哺乳动物 ▼

和其他哺乳动物一样，仓鼠有两个肺。肺由数百万的微小气囊组成，每个气囊周围都布满毛细血管，负责运输氧气。肺在肌肉的带动下吸入或呼出空气，使得胸腔变大或变小。

水生哺乳动物 ▲

和鱼类不同，鲸和其他水生哺乳动物都用肺呼吸，因此不能从海水里过滤氧气。与陆地哺乳动物相比，尽管水生哺乳动物呼吸间隔较长，但呼吸时头部也必须露出水面。鲸的头顶上有一个或两个孔，叫做呼吸孔。当鲸浮出水面时，储存在呼吸孔内的不新鲜的空气以水雾的形式喷射出来。

两栖动物成体 ▶

当两栖动物，如这只蛙长成成体，开始用肺呼吸。吸气时口紧闭，空气通过鼻孔进入肺里；接着体壁收缩（挤压）将空气呼出。蛙还可以通过湿润的皮肤吸收氧气。

进食

动物必须进食才能生存。它们所需的食物种类广泛，摄食技能也是多种多样。根据饮食偏好不同，可以将动物分为不同的类型，如食草动物和食肉动物。动物吃下的食物经过消化（分解）成为身体所必需的营养物质。这些营养物质为动物的运动、生长和恢复提供所需的能量。

豹

❶ 食肉动物

这些动物主要以富含营养的肉类或鱼类为食。食肉动物是捕食者，它们要么主动出击，要么静等猎物。食肉动物包括豹、蛇、牛蛙和海雕。它们大多数具有长齿和强壮的下颌，或锋利的喙和爪。

❷ 食腐动物

这些被称为清道夫的食肉动物，主要以动物的尸体为食。如兀鹫就是食腐专家，它们用锋利的钩状喙刺穿动物的皮肤和肉，再用粗糙的舌头将肉从骨头上挫下来。

黑兀鹫

❸ 食虫动物

以昆虫为食的动物叫食虫动物。如大食蚁兽用强有力的爪将蚂蚁或白蚁的巢穴打开，将它们长长的、带有黏液的舌头在被破坏的蚁穴里伸进伸出，它们每天用舌头铲卷吃进数千只昆虫。

猪

❺

吸血蝠

❹

锋利的牙齿啃咬着前爪握着的坚果

灰松鼠

❸ 大食蚁兽

狭长的口鼻部伸出的长舌，用来探寻蚁穴

水果是猩猩的主要食物

豚鼠

强壮锋利的颚将树叶切碎

毛虫

非洲牛箱头蛙

❽ 食粪动物

一些昆虫以哺乳动物的粪便为食，如家畜粪便。蜣螂靠嗅觉寻找粪便，从中汲取带有营养的液体。它们将粪便滚成球，将卵产在其中，给新孵化出的幼虫提供营养。

蜣螂

❽

燕尾蝶

❾

❹ **嗜血动物**

这些专门靠流食为生的动物，其唾液里含有能阻止血液凝固的物质。雌性蚊子刺穿猎物皮肤，用特殊的口器吸食血液。吸血蝠用刀一样锋利的牙齿咬伤家畜或其他哺乳动物，舔食它们的血液。

❺ **杂食动物**

杂食动物的饮食很丰富，包括肉类和植物。猪、松鼠和猩猩等杂食动物是机会主义者，它们吃大多数能找到的食物。另一些杂食动物如浣熊、狐等与人类关系密切，它们的饮食还包括人类的剩余食物和马路上被轧死的动物等。

❻ **滤食动物**

从附着在岩石上的小型藤壶到巨大的生活在海里的须鲸，大多数滤食动物用筛子似的器官过滤水中的微小生物。火烈鸟是唯一滤食的鸟类，以微小的甲壳动物为食。

❼ **食草动物**

大熊猫、麂、毛虫和陆龟都是食草动物，它们用特殊的牙齿或口器咀嚼植物。叶子和茎的营养并不是很丰富，因此它们需要大量进食来获取足够的营养。

生活在中国的大熊猫，它们的食物99%是竹子

猩猩

大熊猫

❻ 火烈鸟

麂

巨大扁平的牙齿磨碎植物

浣熊

海雕

蛇用身体将猎物盘绕使其窒息而死，再整个吞下

倒置的喙过滤水中的食物

锋利的爪从水中抓鱼

红尾蚺

陆龟

❾ **流食动物**

流食动物用像管子一样的口器吸食流体食物。蝴蝶有一个蜷曲的长喙，伸展开后吸食营养丰富的花蜜。蚜虫用口器刺穿植物的茎，吸食里面甜甜的汁液。

蚊

运动

动物区别于植物和菌物等其他生物的主要特点就在于它们能运动。有些动物固定在某个地方，但身体的某个部位能够移动，大多数动物能在空中、陆地和水里活动。从游泳到侧绕行进，从跳跃到回旋运动，动物的运动方式多种多样。

❶ 虎

虎和其他猫科动物以及大多数哺乳动物都是四肢着地，通过走或跑的形式运动。四肢除了支撑身体外，还能在脑的控制和肌肉的支配下协调运动。虎的尾巴在其奔跑或扑食时帮助身体保持平衡。

❷ 锯尾残趾虎

这种敏捷的壁虎是攀爬高手，无论是趴在垂直物体的表面还是倒挂在顶壁，它们都能游刃有余地寻觅猎物。它们的这个本领得益于每只足上的5个宽大的足趾垫，上面覆盖着数百万的微小腺毛，能产生微量静电，帮助壁虎牢牢地附着在包括玻璃在内的任何物体表面。

❸ 尺蠖

有些尺蠖采取身体屈伸成拱形的方式移动。它们用位于体后部的臀足固定身体尾端，前端向前伸出，再用腿把身体前端固定，将身体后部向前拉动形成一个拱形。接着重复同样的一连串动作进行前移。

❹ 侧绕行进的蛇

大多数蛇把身体弯曲成"S"形向前移动。在沙漠里，蛇采取侧绕行进的方法在炎热的沙子上爬行。它们先将身体后部固定，前部向斜侧方跃起，接着着地；然后后部再抬起前移，如此反复交替进行。这种方法能使身体尽量少地与地面接触，避免被炙热的沙子烫伤。它们经过的地方会留下一条条痕迹。

❺ 蛙

蛙根据陆地和水中的栖息环境不同，采取不同的运动方式。蛙能够行走，也能够跳跃。跳跃可以使它们躲避敌害。它们靠强劲有力的后肢推动身体离开地面，短小的前肢则起到落地减震的作用。在水中，蹼状足推动蛙向前游动。

❻ 鱼类

鱼的脊柱两侧遍布肌肉，肌肉收缩（牵引）使尾左右摇摆推动身体前进。鳍的作用是保持身体平衡，防止身体左右或上下翻滚，同时也是掌控方向的工具。

❼ 章鱼

章鱼用长长的触手和吸盘推动身体在海底爬行，同时它还能游得像乌贼和鱿鱼那样快。章鱼将水吸进身体，然后通过短漏斗状的体管排出体外。喷射出的水流推动章鱼向反方向行进，这时章鱼的头部在前，触手在后。

❽ 蓝山雀

大多数鸟类用翅膀飞翔。飞翔时，翅膀向下、向后扇动，使空气流过翅膀上方的弧形表面，产生升力，将鸟类托举在空中。蓝山雀的体羽赋予了其流线型的体形，尾羽相当于舵用以掌控方向。

❾ 蜗牛

蛞蝓和蜗牛依靠大大的腹足在地面或植物上爬行。足底的肌肉不断收紧和放松，产生像波浪一样的波动，推动身体缓慢前进。足部产生的黏液使爬行变得较为容易，同时能防止爬行过程中被尖锐物体刺伤。

❿ 长臂猿

长臂猿是生活在东南亚热带雨林中的一种猿类。它们拥有长手臂以及柔韧灵活的肩关节和腕关节。这些特征决定了它们能在丛林间表演"臂行法"。它们先将身体向前抛出，然后双臂交替摆动抓住树枝，全速在雨林树冠层荡来荡去。

⓫ 座头鲸

这种体型巨大的海洋哺乳动物用尾来游泳。尾鳍有两个水平的桨状物，叫做尾叶，尾叶受肌肉的支配而上下摆动，推动鲸向前、向后游动和浮出水面呼吸。它们宽大的前肢或鳍状肢负责掌控方向。

速度

动物界的成员以各种不同的速度奔跑着。动物运动速度的快慢取决于很多因素，比如身体的大小、体型、体重，生活在空中、水里还是陆地上，以及运动的方式。一般来说，体型较大的动物运动的速度也较快，特别是那些居住在草原或海洋中的动物。下面我们简要介绍那些行动最缓慢、最迅速以及介于二者之间的动物。

0.05
千米/时

10
千米/时

散大蜗牛
散大蜗牛的行动速度非常缓慢，它们慢悠悠地爬过的地方都会留下一层黏糊糊的液体。散大蜗牛依靠腹足的肌肉收缩向前运动。如果受到威胁，蜗牛不会逃跑，而是缩进保护性的外壳里。

35
千米/时

熊蜂
尽管熊蜂体型笨重粗壮，但这些授粉者却能依赖它们的翅膀，达到一个很快的飞行速度。天冷的时候，熊蜂在飞行前会扇动翅膀来热身。

40千米/时

巴布亚企鹅
依靠流线型光滑的身体，企鹅在鳍状肢的推动下，在水中自由地游动。巴布亚企鹅是南大西洋中游速最快的企鹅，它们在海中快速地往返捕食磷虾和鱼类，同时逃避敌人。

5.3
千米/时

蜚蠊
是跑得最快的昆虫。美洲大蠊靠它们的长腿很快会消失在视野中，它们还能在狭窄的缝隙中藏匿。

黑犀
这些体型笨重、力气很大的非洲哺乳动物在灌木丛或低矮的树林中吃草，除了人类几乎没有天敌。黑犀的视力很差，如果受到陌生气味或声音的惊吓，它们会变得异常灵敏，逃跑的速度非常快。

53千米/时

鼬鲨
凶猛的鼬鲨吃任何东西，包括水母、海豹、海龟、海豚甚至人类。它们生活在温暖的沿海水域，用惊人的速度捕食快速运动的猎物。鼬鲨拥有流线型的身体，强劲有力的肌肉推动尾左右摇摆。

旗鱼

依靠发达的肌肉和新月形的尾，旗鱼成为温暖海域中游速最快的鱼类。帆状的背鳍通常向后叠合着，在追捕猎物如沙丁鱼的时候便扬起背鳍，加快游速。

110千米/时

88千米/时

叉角羚

生活在北美洲的叉角羚是鹿和羚羊的近亲，它们是陆地上奔跑速度最快的哺乳动物之一。叉角羚栖息在灌木丛和开阔的草原上，它们依靠长腿能一口气跑出很远的距离。

280千米/时

100千米/时

72千米/时

游隼

这种以其他鸟类为食的猛禽是地球上飞行速度最快的鸟类。游隼快速飞至高空，接着将双翅部分折起，以惊人的速度朝着下面飞行的猎物俯冲，用它们的利爪将猎物击落到地面上，准备食用。

鸵鸟

鸵鸟是世界上最大的鸟，它们不会飞，但比其他的鸟类跑得快。在非洲大草原上，鸵鸟为了追捕猎物或躲避狮子等食肉动物的追击，能全速奔跑很长的距离。它们腿上的肌肉厚重有力，为高速奔跑提供了推动力。健壮的长腿还能狠狠地踢向敌人。

猎豹

作为白天出没的捕食者，猎豹是短距离奔跑速度最快的陆地动物。它以突然爆发的速度追赶猎物，如果在30秒内不能捕到猎物，为了防止身体过热，猎豹通常会放弃目标。

动物的自我清洁

动物生活在一个严酷的、充满竞争的世界里，它们必须照顾自己，并时刻保持巅峰状态，这样才能增加生存的机会。动物自我清洁的原因有很多：能让它们更有效地运动，帮助吸引配偶繁衍后代，赶走讨厌的寄生虫以及避免生病等。清洁方法也各式各样，包括理毛、整羽、吃一些特殊的食物和洗泥浴等。

❶ 群体理毛行为

很多灵长类动物，如这些日本猴，它们生活在紧密结合的群体里。群体里的成员相互用指甲、牙齿梳洗皮毛，赶走恼人的寄生虫，如虱子。

❷ 昆虫的清洁

灰尘和食物残渣等会沾到昆虫的身体上，妨碍它们正常工作。昆虫用它们的腿和口器自我清洁。这只螳螂正在清洗前腿上的钩刺。

❸ 自我清洁

猫科动物和其他一些哺乳动物能自我清洁。例如，虎用它那粗糙湿润的舌头清理皮毛、驱走昆虫。袋鼠向自己的身上涂抹唾液，唾液蒸发后会使身体感觉凉爽。

❹ 吃黏土

很多生活在热带森林中的动物，包括鸟类和哺乳动物，每天都会吃少量的黏土。色彩艳丽、发出尖厉叫声的鹦鹉成群地降落在它们喜爱的黏土河床上啄食黏土，这些黏土可以化解鹦鹉吃下的水果、坚果和种子中的毒素。

群体里的日本猴相互理毛

鹦鹉啄击并吃下富含矿物质的黏土

湿乎乎的爪子能触摸到身体的任何部位

前腿上用于捕捉猎物的钩刺必须保持清洁

泥浆"外套"让河马的皮肤保持凉爽和湿润

❺ 泥浴

河马靠泥浴或水浴来抵御非洲的酷热。水或泥保护河马敏感的皮肤免受蚊虫的叮咬。如果皮肤不经常保持湿润，河马的皮肤很容易因干燥开裂而导致感染。

❻ 淋浴

在炎热的非洲大草原上，象群寻觅到水源，它们饮水和冲凉。它们用象鼻吸水，喷射到嘴里，或向后喷洒到厚厚的皮肤上。湿润的皮肤上覆盖着一层灰尘，保护它们免受寄生虫的侵扰和阳光的灼晒。

❼ 整羽

为了确保飞行的效率，鸟类用喙整理它们的羽毛。喙的前端像一把梳子，能够理顺和清洁羽毛。鸟类在整羽的同时还将一些油性的液体涂抹在羽毛上，既能防水，又能驱走皮肤上的寄生虫。

❽ 鸟类的蚁浴

鸟类中的松鸦用蚁浴的方法自我清洁。松鸦降落在蚁穴上，蚂蚁受到刺激，将释放出的用于抵御外界侵害的蚁酸喷洒到鸟的羽毛上，这些化学物质能杀死恼人的吸血寄生虫。

鸟打开飞羽
进行整羽

打开呈扇状的尾
羽覆盖在蚁穴上

感官

动物的感官给机体提供一系列关于周围环境的信息，利用感受器将信号传输给大脑。通过感官的传递，动物能躲避危险、寻找食物、定位同伴、导航和相互交流。动物的主要感觉器官包括：视觉、听觉、嗅觉、味觉和触觉器官。鲨鱼是海洋中的捕食者，除了以上5个感官，它们还用额外的两个感官来提高捕猎的效能。

侧线沿着鲨鱼
身体纵向贯穿

❶ 触觉

包括鲨鱼在内的大多数动物，全身的皮肤都遍布着触觉感受器。而其他感官的感受器，通常都位于专门的器官内，如眼睛有视觉感受器。鲨鱼的触觉感受器能探测水的流速、水温的变化，以及和其他动物的接触，特别是在捕食时格外敏感。

❷ 振动

鲨鱼有一个从头部到尾部，纵贯全身的充满液体的管子，叫做侧线。皮肤上的孔连接着侧线感受器，可使鲨鱼感知水流的振动及水压的变化。侧线能让鲨鱼"遥感"到接近它们的其他鱼类的游动方向和强度。

❸ 听觉和平衡

鲨鱼头顶上的两个小孔，是鲨鱼耳朵的入口处。声音在水里比在空气中传播得更远更快，鲨鱼通过其他鱼类发出的低频声音，能准确定位几千米以外的猎物。和其他大多数动物一样，鲨鱼耳内的平衡感受器能帮助它们定位方向和将身体直立。

侧线向尾部
方向延伸

❹ 视觉

鲨鱼大大的、发育良好的眼睛比人类的更敏锐。随着水位越来越深，海洋中的可见光越来越少，鲨鱼的瞳孔放大，为获得更多的光。鲨鱼眼内有一层叫做明毯的薄膜，能向内将可见光反射给视网膜，最大限度地扩大视野，帮助它们在黑暗中捕猎。

❺ 味觉

鲨鱼不依赖味觉探测猎物，而是利用味觉确定要不要吃掉猎物。口腔和喉咙的小凹陷里有称做味蕾的感受器。当鲨鱼咬食猎物时，味蕾能感受猎物机体组织内的化学物质，如果鲨鱼觉得味美，表明猎物可能具有很多脂肪，鲨鱼就会继续吃下去。

耳朵的开孔位于头顶眼部的后方

在进食时，眼睛会转向后方保护自己

细孔是感知电信号的感受器的开口

流过鼻孔的水将气味带给嗅觉感受器

味蕾纵列于口和咽喉中

皮肤包含触觉、温度和疼痛感受器

⑥ 嗅觉

鲨鱼游泳时，水注入鼻孔，漫过高度敏感的嗅觉感受器。如果鲨鱼捕捉到气味的踪迹，便会循味向源头游去，头部左右摇摆，随时精确定位气味的来源。

⑦ 电信号

当动物运动时，它们的肌肉会释放出十分微弱的电信号。鲨鱼口鼻部周围分布着数百个与感受器相连接的细孔，能探测到这些电信号。一旦鲨鱼看到、听到或嗅到猎物，它的电感受器立即启动，利用捕捉到的猎物的微弱电信号，准确地捕获猎物。

狼蛛的眼睛排列成行，使夜间捕猎更有效率

视觉

对很多动物来说，视觉是它们最重要的感觉。动物利用视觉创建一个关于周围环境的图像，以实现导航、觅食、交配、避敌及相互交流。动物能视物，是因为它们具有光感受器，光感受器通常位于眼睛这个特殊的感官内。这些光感受器能将光线转化为神经信号，通过大脑转换成图像。不同物种视觉转换的质量各不相同。扁形虫只能区分明和暗，而一些哺乳动物的眼睛能产生3D图像。

▲ 蜘蛛的眼睛

所有的蜘蛛都有8只单眼，大多数蜘蛛依靠触觉来探测和捕食猎物。但有些活跃的捕食者，如跳蛛和这只狼蛛，利用大大的向前的眼睛来定位和捕猎。

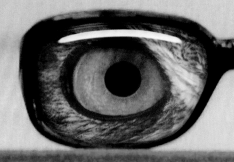

▲ 头足动物的眼睛

章鱼和其他头足软体动物都有高度进化的眼。眼睛能帮助它们觅食、捕捉猎物和躲避敌人。和其他头足动物不同，鱿鱼具有不寻常的"W"形瞳孔。

▲ 向前的眼睛

向前的眼睛，能让捕食者，如这只鹰准确地判断距离，使它们能突袭正在移动的猎物。树栖灵长类动物，如猴子也长着向前的眼睛，它们能安全地在树枝间跳来跳去。

▲ 眼点

构造最简单的眼就是眼点。水生的扁形虫，具有杯形的眼点。作为简单的光感受器，眼点能使扁形虫避开强光，转移到岩石或植物下面更黑暗更安全的地方。

▲ 夜视

和大多数夜行性动物一样，丽红眼蛙有着一对相对于它们身体而言大大的眼睛，能在昏暗的环境中有效地捕捉光线。在南美洲的热带丛林中，它们依靠敏锐的夜视能力捕食蛾、蚊蝇和蟋蟀。

浓密的睫毛防止灰尘和昆虫进入眼睛

▲ 柄眼

和许多蟹一样，生活在海岸上的沙蟹具有长在眼柄上的复眼，可以提供全视角的影像。如果发现危险，它们会躲进洞穴，迅速消失。眼柄可以向下折叠，将眼睛保护起来。

▲ 全视角

以植物为食的食草动物，如兔子、羚羊和鹿，头两侧长着一对大眼睛，能看见前方、侧面和后方。这种全方位的视野意味着它们能时刻保持对敌人的警戒。

▲ 独立的眼睛

变色龙在寻觅昆虫时，两只眼睛能各自转动。一旦锁定目标，变色龙的两只眼睛同时转动盯住猎物，在准确判断距离后，伸出长长的、具有黏性的舌头将猎物卷入口中。

▲ 复眼

节肢动物，如蟹、昆虫，包括图中这只蜻蜓，都具有复眼。复眼由许多独立的光感受器组成，每个感受器都具有能聚集光线的晶状体。动物的大脑接收到这些感受器传输的信号后，就产生一幅"拼接"的图像。

▲ 镜眼

扇贝如蚌，是由两片铰合的贝壳包裹着身体的软体动物。当贝壳打开时，露出两排小眼睛。蚌每只眼睛的表面像镜面一样将光线反射给感受器形成图像。

▲ 水面上和水下的眼睛

四眼鱼浮在淡水水面上。它有两只眼睛，每只眼睛又分为上下两部分：上半部分露在水上，能看到飞临水面的昆虫；下半部分在水下，能看到水中的物体。

▲ 距离远的眼睛

双髻鲨的眼睛位于头部两侧突出部分的两端。因为分得很开，在游泳和捕食猎物时，双髻鲨的视野和其他鲨鱼相比更为宽广。

鼓膜位于前足的胫节处

蝙蝠 ▶

夜间觅食，对这些捕食昆虫的蝙蝠来说不是问题。它们能发出高频的声波，碰到猎物如蛾的身上，就会反射回来。它们高度灵敏的耳朵接收这些回声，然后精准地定位猎物的位置。

◀ 蟋蟀

敏锐的听觉能让蟋蟀听到潜在的对手或配偶发出的鸣叫声。蟋蟀前足的胫节处有一层薄膜，是听器，能接收声音。

◀ 非洲象

象用人类能听到的声音彼此交流，但同时，它们也能够通过发出低频声音与远处的象群保持联系。非洲象不仅用耳朵接收声音，还用脚和鼻子通过地面接收信号。

薮猫 ▼

作为非洲大草原上的猫科动物，薮猫长长的腿，能让它们从高高的草丛上面远望；大耳朵不断扇动，能捕捉小型猎物特别是啮齿动物发出的微弱声音。一旦确定了猎物的位置，薮猫就会一跃而起扑向猎物。

大耳朵张开的幅度很宽，随时捕捉声音

可活动的大耳朵探测着猎物的动向

听觉

无论是寻找食物、识别同伴、捕捉对手的声音，还是感知饥饿的捕食者的靠近，听觉对大多数动物来说都十分重要。声波从振动源，如象的声带或蟋蟀的翅膀传出，在空气或水中传播。许多动物利用叫做鼓膜的一层薄膜接收声波，鼓膜位于耳内，连接着听觉感受器。

◄ 海豚

尽管海豚具有优秀的视力，但这种海洋哺乳动物更多地借助回声定位来捕食。海豚身体前端突出的额头，叫"额隆"，能发出高频的爆破的敲击音节。它们发出的声音遇到物体弹回，回声经下颌传送到耳朵。海豚通过分析回声来捕捉猎物。

额头的突起是充满脂肪的额隆

仓鸮 ▼

这种夜间出没的捕食者用它们敏锐的听觉探测猎物发出的瑟瑟声。环颈的羽毛将声音分流到耳孔，尽管耳孔的位置并不对称，但并不妨碍仓鸮精准地捕捉猎物。

右侧的耳孔高于左侧的耳孔

鼓膜位于眼睛后方

◄ 牛蛙

听觉对两栖动物而言是很重要的感觉。听觉能帮助牛蛙分辨出同伴和潜在的对手的声音，及时发现敌人。牛蛙没有外耳，而是通过头部两侧巨大的鼓膜来接收声音。

◄ 更格卢鼠

更格卢鼠蹦蹦跳跳地在夜间穿越美洲的沙漠，竖起耳朵时刻警惕着危险的信号。它们的耳朵能将声音放大100倍，因此能听到天敌——响尾蛇发出的沙沙声。

嗅觉和味觉

动物的嗅觉和味觉差异很大。动物通过嗅觉感受器能闻到物体的气味，使它们能发现食物或配偶，识别同类，防备敌人和寻找回家的路。味觉则是靠与食物的直接接触来检测这是不是一顿美餐，以及是否可以安全食用。

❶ 非洲野犬

和其他犬科动物一样，非洲野犬是捕食者，具有非常灵敏的嗅觉。它们能循着气味远距离追踪猎物、识别其他群体内的同类以及嗅到外来入侵者在自己的领地内留下的气味。

❷ 果蝠

以昆虫为食的蝙蝠借助于精准的听觉来觅食，而体型更大的、以水果为食的蝙蝠则用它们优秀的嗅觉和视觉寻找食物。果蝠也叫狐蝠，它们生活在盛产水果的热带地区。有些种类的果蝠以鲜花、花蜜、花粉为食。

❸ 几维

作为新西兰的本土动物，这种夜间活动，不会飞行的鸟类视力很差，但不同于其他鸟类的是，它们具有灵敏的嗅觉。几维长喙的尖端有两个鼻孔，当它觅食时，把喙插入泥土中能嗅到蠕虫、甲虫幼虫、蜈蚣以及其他带有果味的食物。

❹ 貘

貘卷起上唇，露出位于口腔顶壁的犁鼻器，以增强它们的嗅觉和味觉，这种行为叫做裂唇嗅反应。这种反应在狮子和其他哺乳动物身上也会出现，通常发生在嗅出潜在配偶所释放的气味时。

❺ 蛾

昆虫用头顶上的两只触角来闻气味、品味道和接触物体。一些雄蛾具有羽状触角，对雌性释放出的信息素（化学信号）非常敏感，在数百米之外都能嗅到。当它们在夜间飞行时，雄性就会顺着气味追踪而去，寻找合适的配偶。

❻ 猴子

和其他猴子一样，日本猴用它们超强的视力去寻觅水果。发现水果后，嗅觉和味觉就要发挥作用。当猴子啃咬水果时，鼻子内的嗅觉感受器会闻到果肉散发的气味，舌头上的味蕾则品尝味道，如甜味。如果感觉味道有些苦，那就说明水果可能有毒，应该把它丢掉。

❼ 章鱼

这些高智商的软体捕猎者主要在夜间捕捉鱼、蟹和其他猎物。章鱼的8只灵活强壮的触手伸展出去捕捉食物。每只触手上都长着很多吸盘，能抓住海床和猎物。吸盘还负责品尝猎物，判断它们是否好吃。

❽ 蛇

像獴一样，蛇的犁鼻器也位于口腔顶壁，既用来品尝味道，也负责闻气味。蛇伸出舌头，搜集空气中的气味分子，当舌头压迫犁鼻器时，犁鼻器内壁的嗅黏膜就能分辨出气味。蛇通过这套组合感官来寻找食物和配偶。

❾ 红头美洲鹫

当其他兀鹫利用视觉去寻找死去的动物，即赖以生存的食物时，红头美洲鹫则采取不同的战略。生活在北美洲和南美洲的红头美洲鹫利用嗅觉来觅食。当红头美洲鹫在天空翱翔或滑行时，它们追踪着地面的腐烂尸体散发出的气味，即便动物尸体隐藏在浓密的丛林中，也难逃它们敏锐的嗅觉。

❿ 鲶鱼

鲶鱼口的周围有数条像胡子一样的触须，因此得名。它们的视力很差，生活在黑暗的湖泊或河流深处。它们长长的触须上遍布着大量的味觉感受器。当鲶鱼的口鼻部在湖泊或河床探查时，触须负责寻找食物，鉴别味道，决定是否可以食用。

交流

动物之间会采用大量不同的方式进行交流。它们通过发出声音、释放气味，利用身体接触、手势和身体语言，以及身体发光等方法与同伴相互交流。交流是吸引配偶的重要途径，而组建社群、建立领地、告知群体内成员食物的来源、防备竞争对手以及正在接近的捕食者都需要交流。

❶ 黑猩猩
和许多其他动物一样，黑猩猩通过手势和身体语言与群体内的成员进行交流。这些高智商的灵长类动物会用面部表情表示生气、恐惧、高兴、嬉笑和饥饿，还能表明它们在群体内的地位。

当群体中地位更高的黑猩猩走过来时，小黑猩猩会做鬼脸

条纹尾巴用来传达视觉信号

❷ 萤火虫

这些夜间飞行的甲虫利用身体发光进行交流。萤火虫的腹部有发光器官，能发出闪烁的光芒以吸引配偶。有些雌性萤火虫将发出的一闪一闪的光作诱饵，吸引其他种类的雄性萤火虫，然后把它们吃掉。

❸ 环尾狐猴

作为猴子的近亲，狐猴主要靠嗅觉进行交流。雄性环尾狐猴用腕关节的气味腺发出的气味标识它们的领地。环尾狐猴在抵御竞争对手时，将尾巴在气味腺上来回摩擦，然后甩动尾巴这个"臭味旗帜"将臭气扇向敌人。

❹ 蜜蜂

当寻找蜜源的工蜂回到蜂巢时，它们用舞蹈的方式向其他工蜂传达蜜源的信息——花蜜和花粉的方向和距离。其他蜜蜂用触角触碰刚刚返回的蜜蜂，来探测花蜜的气味，以便按照它们的行进路线去采集花蜜。

❻ 蚂蚁

如果蚂蚁来自同一地域，它们相见时会轻触触角，通过这种方式来确认是否属于同一群体。当一只蚂蚁发现了食物而需要其他蚂蚁共同开采时，也会采用这种方式。这样的交流方式能让蚂蚁适应复杂的群体构成。

❺ 鲣鸟

许多鸟类的雄性和雌性如果长时间在一起，它们会在求偶期用身体语言来示爱，以增强彼此间的联系。鲣鸟打招呼的方式非常特别，它们伸长脖子，将喙朝天，轻轻撞击或摩擦彼此的喙。

❼ 树蛙

用声音交流是很危险的，因为声音也会引来敌人。但许多雄蛙，包括树蛙，为了吸引雌性和震慑对手，仍会发出很大的呱呱的叫声。蛙通过声带发出声音，利用进入声囊的空气产生共鸣将声音放大。

IP 82.184

❽ 狼

狼虽然是群居动物，但它们捕猎时经常单独行动。为了保持联系，辨别身份，它们会采取嗥叫的方式。嗥叫的声音能传到很远的地方，将狼群召集起来。

防御

对很多动物来说，觅食时会面临无处不在的威胁。如果具有灵敏的感官和迅速的反应，就能快速出击或将自己隐藏起来，确保安全。很多动物还会采取一系列防御措施，包括身披盔甲、化学战，甚至装死来保护自己，抵御饥饿者的攻击。

❶ 看起来更大

猫将毛竖起，背部拱起，这样看起来体型显得更大一些，能吓退敌人。许多动物都采用同样的方法。澳大利亚斗篷蜥将它的领褶展开，张开大嘴，挥舞尾巴，使它看起来更大更吓人。

❷ 盔甲

很多昆虫、甲壳动物和一些哺乳动物，如犰狳都有一个坚硬的外壳，能在一定程度上保护自身免受饥饿的捕食者的攻击。有些潮虫，又称鼠妇，身覆节节相连的盔甲，能蜷成一个球，保护体内的柔软部分。

❸ 刺

任何一头豪猪都能证明，刺是非常有效的防御工具。生活在岩石海岸和礁石上的黑海胆，身上武装着活动的刺，能对抗一切，但多数时候只用来抵御敌人。这些刺在刺入皮肤时会释放出毒素。

❹ 化学攻击

许多动物，特别是昆虫，体内含有毒素或能产生刺激的化学物质，让猎食者无法食用。有些动物会进行直接攻击。步甲将腹部向前弯曲，喷射出一股化学混合物，可以燃烧，甚至能弄瞎敌人的眼睛。

❺ 群居的安全

以群生活，不论是一群鱼、一群角马或是一群雪雁，都具有很强的防御优势。敌人很难从一群移动着的队伍中捕捉一个个体。当危险来临时，群体内的成员会相互警告。

❻ 烟幕

受到威胁的章鱼会向身体周围的水中喷射出一大片墨汁。趁敌人被墨汁袭击迷惑之际，章鱼借助喷射的推力快速逃走。乌贼采用同样的防御手段。

❼ 恐吓战术

许多蝶和蛾的上翼表面分布着由许多斑纹组成的图案，这些图案看起来像大大的眼睛。当这只眼蝶展开翅膀时，捕食者看到"眼睛"，认为猎物很大很凶猛，会知难而退。

❽ 装死

许多捕食者只追捕活动的猎物，如果猎物装死，捕食者就会对其失去兴趣。这条蛇张开大嘴躺着不动，呈现一副死去的模样。一旦捕食者离开，它马上恢复到原来的状态。

❾ 截断身体某个部位

蓝尾石龙子的防御手段令人惊异。在受到威胁时，它们将尾尖脱落。断落的尾巴能继续扭动一段时间，吸引捕食者，石龙子则趁机逃走。神奇的是，接下来的几周或几个月之内，断掉的尾巴会重新长出来。

斗篷蜥将皮肤上的领褶展开使身体看起来更大

⑩ 躲藏
当敌人出现时，逃跑和躲藏哪个更简单？洞穴为这些犬鼠提供了安全的藏身之处。它们在洞穴入口附近觅食，当危险来临时，能迅速躲进洞穴里。

眼蝶展开翅膀时，"眼睛"突然出现

张开的大嘴使蛇呈现出一副死态

断口处的血管自动关闭以减少出血

当章鱼逃跑时会释放出一股墨汁

❶ 与自然相似

许多动物自然地融入它们所栖息的环境。狮子黄褐色的皮毛与非洲大草原的颜色配合得天衣无缝，这更有利于它们诱捕猎物。柳美蛾翅膀的颜色和纹理与树干十分相像，能使它们隐身于背景中，避免被鸟类捕食。

❷ 季节性变化

北极地区的夏季非常短暂，而冬季则白雪皑皑，极其漫长。有些动物能随着季节的变换改变体色，长年保持着伪装色。秋天，雷鸟棕色的羽毛开始转变成白色，使它们在雪地里不易被发现。春天来临，羽毛会变回棕色。

❸ 快速变化体色

章鱼能在几秒钟内通过收缩或扩张皮肤内的色素细胞来改变身体的颜色和图案，以适应周围环境的变化。变色龙是另一种快速变化体色的动物，尽管有时它们改变体色是为了交流。

❹ 装饰

有些动物用周围环境中的物品来装饰自己，以掩盖真实的身份。装饰蟹将海草、卵石、贝壳，甚至珊瑚和海绵的碎屑装饰在身上，当它们藏身在海床上时能起到隐身的效果。装饰蟹壳上微小的钩能固定住起伪装作用的装饰物。

装饰蟹

海绵依附在蟹身上

章鱼改变体色来配合藏身的石质海床

章鱼

变色龙

夏季的雷鸟

冬季的雷鸟

狮

柳美蛾

羽色和卵石、岩石的颜色十分相称

皮毛和眼睛的颜色与草色很相配

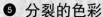

❺ 分裂的色彩

与众不同的图案和鲜艳的色彩有时作为一种警告，强调着动物的存在。但某些物种，鲜艳的色彩将它们身体的外形轮廓打破，使它们不会轻易被看见。虎在茂密的草丛中行动时，体表的条纹让猎物很难发现它的存在。而色彩艳丽、图案奇特的海水鱼对捕食者来说是很难发现的目标。

❻ 伪装

一些动物为了隐藏自己会采取伪装成周围环境的一部分或不能吃的东西这样的策略。竹节虫能伪装成它们栖息的树枝。大凤蝶的幼虫看起来很像鸟粪，这是大多数捕食者都不吃的东西。枯叶蛾休息时将翅折起，与一片枯萎的叶子几乎无异。

❼ 反荫蔽

企鹅利用反荫蔽让它们看起来不那么显眼。从水上看，企鹅黑色的背部和身下黑暗幽深的海水融为一体；从水下看，灰白色的腹部和射入水面的光线很匹配。㺢㹢狓利用反荫蔽隐藏在居住的丛林深处。

❺ 虎悄悄地踱步，很难被发现

虎

鲳

体色迷惑着捕食者

竹节虫伪装成树枝随风摆动

竹节虫

大凤蝶毛虫

枯叶蛾

棕色背部与阴暗的林间浑然一体

㺢㹢狓

企鹅

长着条纹的四肢帮助㺢㹢狓隐藏在丛林里

暴露在光线下的身体部分呈黑色

❼

在阴影里的身体部分呈浅色

伪装

如果捕食者不易被发现，那么它捕食成功的机会会大大增加；如果猎物和周围环境浑然一体，那么它也很难被捉到。有些动物具有天然的伪装本领，让它们很难被发现。体色、条纹和图案，或者看起来像不好吃的东西，这些都给保全生命提供了不可小觑的伪装外衣。

警告

与将自己隐藏起来或进行精密防御不同，有些动物则向捕食者或其他竞争者发出明确的警告——要么远离，要么受到伤害。警告的形式多种多样，如声音、姿势或鲜艳的色彩，都显示着这个动物是危险的、有毒的，或二者兼具。有的动物以模仿其他有毒动物的颜色或外形来迷惑敌人，使它们相信自己是危险的。

❷ 箭毒蛙

这些体型小巧、色彩鲜艳的蛙来自中美洲和南美洲，它们皮肤中的腺体释放出的毒素能杀死捕食者，如蛇和蜘蛛。鲜艳的颜色和图案向捕食者表明一个事实——它们并不是美味的食物。

❸ 狮

这种大型猫科动物向其他动物吼叫着，警告它们远离自己的领地。除了巨大的吼声，张开大嘴露出锋利的牙齿，让狮的头部看起来更大更吓人。其他动物也采用张口露牙的方式来恐吓敌人，如猴子。

❶ 响尾蛇

这些有剧毒的蛇，尾部末端有响环，起警告作用。如果受到捕食者的威胁，或大型动物不小心踩上它，响尾蛇就会摆动尾巴，响环能发出响亮的嗡嗡声。

响环由若干连接疏松的角质环片组成

狮子张开大嘴露出锋利的牙齿

鲜艳的色彩预示着蛙是有毒的

明亮的红色条纹是危险的标志

❹ 斑蝥

红色和黑色的斑蝥表明，它们是应该躲避的动物。如果斑蝥受到其他动物的攻击，就会释放出有毒的化学物质，令对方起疱，使想要捕食它们的动物再也不敢招惹它了。

❺ 黄蜂和虻

黄蜂黑黄相间的颜色警告着捕食者它们具有强劲的螫针。而和黄蜂毫无关系的虻则模仿黄蜂的条纹外表恐吓敌人，尽管它们是无毒的。

❻ 臭鼬

如果忽视了臭鼬的警告色，即便是和熊一样大的捕食者也会陷入麻烦中。当发出嘶嘶叫声和前爪跺地的警告不能奏效时，臭鼬会向进攻者喷射出一股恶臭的液体，令敌人感到不适甚至能导致短时间的失明。

❼ 有毒的鱼类

花斑短鳍蓑鲉的彩色条纹向潜在的捕食者发出了一个清晰的信息：它那长长的刺是有剧毒的。如果受到威胁，花斑短鳍蓑鲉会低下头，将刺朝前，准备发起攻击。

❽ 吓人的毛虫

作为鸟类的食物，一些毛虫尝试着将鸟类吓走。天社蛾的幼虫抬起像脸的头部，摆动尾巴喷射出酸性物质。天蛾的幼虫则模仿成毒蛇的样子。

❾ 蝶的斑纹

鸟类在吃了难吃的大桦斑蝶后，再也不会重复同样的事情，它们会记住蝶翅膀上的图案。副王蛱蝶具有类似的外表，它们同样很难吃。

虻的体表图案模仿黄蜂

黑白警告色警告着敌人

受到威胁时，"尾"会抬起并摆动

黄蜂具有黄色和黑色相间的清晰条纹

长长的刺充满了毒液

抬起头部露出色彩鲜艳的假面

天社蛾的幼虫

天蛾的幼虫

令人惊异的眼状斑纹模仿蛇的眼

副王蛱蝶

大桦斑蝶

竞争

动物彼此间不断地竞争是为了获得对生命来说极其重要但又有限的资源，如食物、配偶和领地。同物种的不同个体以及不同物种的动物之间都存在着竞争。一些动物通过威胁性的举动或仪式化的斗争来宣称自己的主导地位或者威慑对手，这是一种避免彼此受到伤害的战略。但有些时候，竞争会引发真正的斗争，可能会导致一方或双方都受伤。

❶ 脖颈大战

雄性长颈鹿仪式化的斗争称为脖颈大战。两只雄性长颈鹿站着将脖子缠绕在一起，互相推对方。通过脖颈大战来证明谁是强者，这是获得交配权的唯一的斗争方式。

❷ 和局

如果在斗争中一方能威慑住对手并且避免受伤，那么这是最好的结果。在一些哺乳动物的和局战中，张开大嘴是最常见的威胁方式。河马以"打哈欠"的方式张开大口露出牙齿。

雄性长颈鹿用长脖子互推对方

张开的大嘴警告着敌人和对手

大角羊厚重的头骨能承受迎面的撞击

雄性锹甲用强壮有力的上颚举起对手

❸ 物种之间

在非洲大草原，当动物死去或被杀，兀鹫会围着死尸盘旋，彼此争夺尸体碎片。当鬣狗来临，兀鹫就四下散去，随后再返回，在这些凶残的食肉动物面前小心翼翼地吃死尸的残余物。

❹ 锹甲

雄性锹甲上颚发达，看似能抓住大型猎物。实际上，它们以树的汁液为食，用强壮的上颚和其他雄性争夺配偶和喜欢的交配场所。获胜的雄虫将对手举起，翻倒在地，失败的一方则会撤退，但不会受伤。

❺ 迎面对撞

秋天，繁殖季节开始的时候，雄性大角羊会举行头部顶撞大赛。两头雄性大角羊冲向对方，用头互相撞击。这样的竞争能持续几个小时，直到其中一方投降放弃。羊群中全面的"优胜者"能获得数量最多的雌性与之进行交配。

❻ 领土声明

鸣禽歌唱并非为了娱乐，而是为了告诉族群里的其他成员远离自己的领地。欧亚鸲守卫着给自己和后代提供食物的领地。如果入侵者一再要侵入领地，欧亚鸲会发起攻击，将对方驱逐出去。

❼ 警告的叫声

秋天，雄性马鹿将雌性马鹿群聚拢起来，防止它们和其他雄性交配。它们向竞争对手吼叫，吼声的大小则表明它们战斗力的强弱，而有时仅靠吼叫就能确保竞争成功。如果吼叫不奏效，雄鹿会用角卡住对方进行格斗。

❽ 在海岸上

在繁殖季节，雄性象海豹会尽可能地通过竞争来获得更大的领域和更多的配偶。起初，雄性象海豹发出轰隆隆的声音来恐吓对手。如果这种方式不起作用，那么这些巨大的动物就会在海滩上格斗，直到一方受伤后退出竞争。

角用来格斗

竞争中的雄海豹互相啃咬和推搡对方

❾ 蜥蜴的威胁

当领地受到侵犯时，大多数蜥蜴都会改变体色或做出其他举动。雄性安乐蜥轻弹喉部的粉色垂肉来警示入侵者。当它上下摆动头部时，则是在强调警告的信息。

欧亚鸲张开喙歌唱是为了守卫领地

外露的粉色垂肉是警告的标志

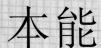

本能

动物所做的一切以及它们所采取的方式，构成了其行为。有些行为是动物靠后天学习形成的，而大多数行为则是与生俱来的。它们在不同的条件下自然而然地表现出不同的行为，如求偶、繁殖或筑巢。

纺丝织网 ▼

蜘蛛特殊的腺体能产生强韧的丝线。园蛛用蛛丝编织出螺旋状的网来捕捉飞虫。用干燥的蛛丝将一个"Y"形结构搭建好之后，园蛛开始编织螺旋状的、带有黏性的能困住昆虫的网。蜘蛛不用学习如何结网，能搭建结构最为复杂的蛛网是出于本能，并且它们生来就会！

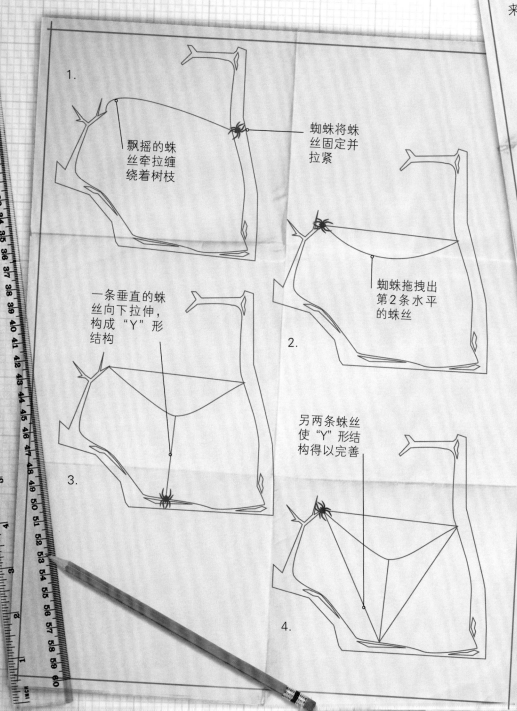

1.

飘摇的蛛丝牵拉缠绕着树枝

蜘蛛将蛛丝固定并拉紧

蜘蛛拖拽出第2条水平的蛛丝

2.

一条垂直的蛛丝向下拉伸，构成"Y"形结构

3.

另两条蛛丝使"Y"形结构得以完善

4.

轮辐式的丝线路径从外围到网的中心

蜘蛛拉出黏性丝线铺设螺旋形结构

5.

◀ 海龟

雌性海龟出于本能浮出大海来到海滩上产卵，因此它们的后代在孵出后就能呼吸空气。卵被产在沙滩上挖出的洞里。几周后，卵开始孵化。出生后的小海龟爬出沙洞，本能地向开阔的大海冲去。

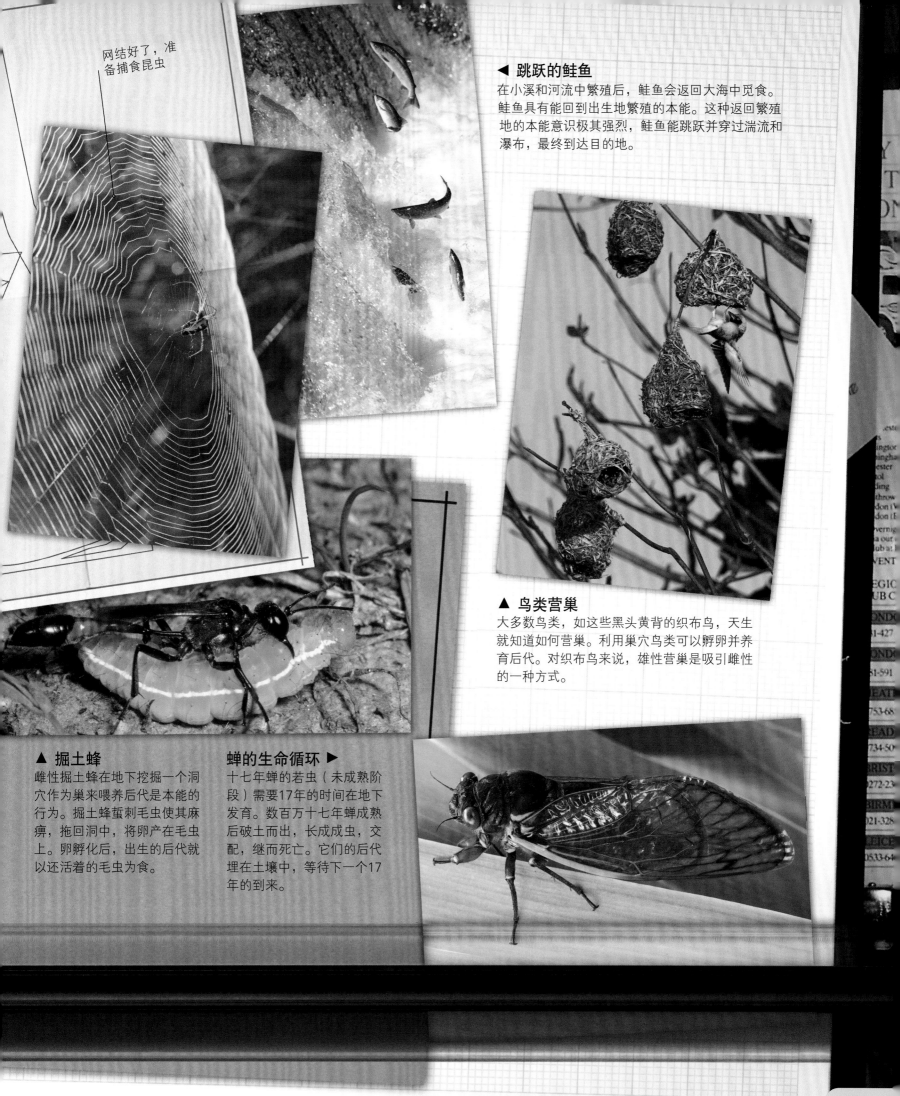

网结好了，准备捕食昆虫

◀ 跳跃的鲑鱼

在小溪和河流中繁殖后，鲑鱼会返回大海中觅食。鲑鱼具有能回到出生地繁殖的本能。这种返回繁殖地的本能意识极其强烈，鲑鱼能跳跃并穿过湍流和瀑布，最终到达目的地。

▲ 鸟类营巢

大多数鸟类，如这些黑头黄背的织布鸟，天生就知道如何营巢。利用巢穴鸟类可以孵卵并养育后代。对织布鸟来说，雄性营巢是吸引雌性的一种方式。

▲ 掘土蜂

雌性掘土蜂在地下挖掘一个洞穴作为巢来喂养后代是本能的行为。掘土蜂蜇刺毛虫使其麻痹，拖回洞中，将卵产在毛虫上。卵孵化后，出生的后代就以还活着的毛虫为食。

蝉的生命循环 ▶

十七年蝉的若虫（未成熟阶段）需要17年的时间在地下发育。数百万十七年蝉成熟后破土而出，长成成虫，交配，继而死亡。它们的后代埋在土壤中，等待下一个17年的到来。

学习

动物根据经验学习改变它们的行为，这样能增加生存的机会。对鸟类和哺乳动物来说，在受到父母照顾的时期，是学习的高峰期，尽管这种学习将贯穿它们的一生。动物在不断地重复、尝试和犯错误中完成学习的过程，并根据成功和失败的经历不断改变自己的行为。

木棍是从蚁冢中获取蚂蚁的便利工具

小猎豹利用小羚羊练习捕猎技巧

小鸭子很快就学会跟随着妈妈

❶ 猎豹

年幼的猎豹必须学会捕捉和杀死猎物的技能，这样成年后它们才能获得足够的赖以生存的食物。猎豹妈妈提供给后代活的猎物，小猎豹通过观察妈妈的行为，从不断的尝试和犯错误中学习捕捉和杀死猎物的正确方法。

❷ 小鸭子

在地面筑巢的鸟类，如鸭和鹅，在孵化后不久，就以一种叫做"印随"的学习方式开始认知。它们在学会认识妈妈后，就紧紧跟随在妈妈身后，并在它的保护下寻找食物。印随学习在生命的最初阶段完成，为这些幼鸟提供更大的生存机会。

蛎鹬教小蛎鹬如何搜集食物

❸ 黑猩猩

和人类相似，黑猩猩展现出富有洞察力的学习能力，这是根据经验进行推理并最终解决新问题的能力。黑猩猩吃不到蚁冢中美味的蚂蚁，它会思考并想出办法，用一根木棍从蚁冢中带出蚂蚁，然后一口吞下。这个技巧则会被其他的黑猩猩模仿。

❹ 蛎鹬

蛎鹬是一种捕食牡蛎的滨鸟，它们用长长的、结实的喙翻开软沙或泥土，寻找蛤或其他有壳的软体动物。蛎鹬将壳打开，掏出壳内的海生动物吃掉。年幼的蛎鹬通过观察和重复父母的行为来学习如何捕食牡蛎。

雌象不断地触摸小象，给它们提供指导和保护

8 象

这些聪明的动物以家庭为单位，和有亲缘关系的雌性生活在一起。通过若干年的学习，小象掌握了社交和生存技能，如去何处觅食和寻找水源、该走哪条路等。这些生活经验不仅来自于妈妈，小象的姑嫂兄弟们也会向它传授经验。

9 日本猴

当研究者在海岸边给一群聪明的日本猴留下一些甘薯后，一只雌猴将一只甘薯拿到海边，用海水将沙子冲洗干净。这种行为研究人员从未见到过。而猴群内的其他成员，包括它们的后代则学习模仿同样的动作，使清洗食物的这种技能一代一代传承下去。

在吃之前要将甘薯洗干净

5 园丁鸟

一些鸟类通过模仿其他鸟类的叫声来守卫领地和吸引配偶。其中最富有才华的惟妙惟肖的模仿者是澳大利亚和新几内亚的园丁鸟，它们不仅能学其他鸟类唱歌，还能模仿手机铃声、电锯声和汽车警报声等。

6 幼狐

对很多幼小的哺乳动物来说，玩耍是学习中重要的一部分。幼狐通过在玩耍中尝试和犯错误，来学习如何掌握生活技能，如打架和捕食。这样，它们在成年后才能具备生存和彼此竞争的能力。

蝶吸食色彩鲜艳的花朵的蜜露

7 蝶

当蝶破蛹（从毛虫到蝶的过渡阶段）而出时，它们会本能地被色彩艳丽的花朵所吸引。蝶通过不断地尝试和总结错误，最终获知什么样的花朵才能提供更多更甜的花蜜。

雄性和雌性

所有的动物都能繁殖后代，当它们死亡后就会被后代所取代。对于大多数物种来说，繁殖意味着雄性和雌性相遇，交配才能进行。下面的例子表明，有些雄性和雌性看起来很相像，而有些在身体的大小和颜色上存在着差异。这种差异正是吸引异性的重要原因。

❶ 黑腹军舰鸟
这些大型海鸟大多数时间都生活在海洋上，在水面上捕食或从其他鸟类那里掠夺食物。在繁殖季节，它们聚集在海岛上，雄性军舰鸟会鼓起它那与众不同的鲜红色喉囊来吸引雌性。

❷ 长鼻猴
许多灵长类动物，包括婆罗洲长鼻猴，雄性的体型要比雌性的大。雄性长鼻猴用一个大大的、向下悬垂的鼻子来吸引雌性。这个巨大的鼻子能将雄性长鼻猴发情的叫声放大若干倍，警告其他同类远离它的配偶和孩子。

❸ 克氏海葵鱼
有些鱼类，特别是这种生活在珊瑚礁里的克氏海葵鱼（俗称小丑鱼）能变性。克氏海葵鱼以一只雌性、多只雄性的组合方式群居生活。如果雌性死亡，雄性中的一只就会变性为雌性，并负责掌管群中的繁殖工作。火焰神仙鱼以一只雄性、若干雌性的组合方式群居生活，如果雄性离开群体，由一只雌性转变为雄性来接替它的工作。

❹ 螳螂
对于雄性螳螂来说，交配是一个充满危险的过程。这种食肉昆虫的雌性体型要比雄性大，在交配过程中，雌性会把雄性吃掉。当雄性爬到雌性的背上时，雌性用前腿抓住雄性，将它的头部咬掉。

雌性鸟翼凤蝶

膨胀的喉囊

❺ 鸟翼凤蝶
这种蝶得名于它们较大的体型和像鸟一样的飞行方式，很多鸟翼凤蝶雄性和雌性的差异很大。在澳大利亚的热带丛林中，雄性鸟翼凤蝶因其鲜艳闪亮的颜色很好辨认，而雌性的体型较大，颜色呈暗褐色，不易被发现。

❻ 长臂猿
白颊长臂猿生活在东南亚的热带丛林中。它们刚出生时毛色很浅，随着成长毛色逐渐变黑。雄性会一直保持黑色，而雌性成年后毛色会再次变浅。

克氏海葵鱼

火焰神仙鱼

雄螳螂和雌螳螂交配

7 折衷鹦鹉

大多数鹦鹉的两性间存在颜色差异，但是很少有一种鹦鹉能像折衷鹦鹉那样有如此显著的差异。早期自然学家认为不同性别的折衷鹦鹉属于不同种。雌性折衷鹦鹉在吃叶子时，红色的羽衣格外显眼。

8 鹿

夏季，雄鹿长出骨质的鹿角。到了秋天繁殖季节，雄鹿用它们大大的鹿角吸引雌性，与其他雄鹿格斗。冬天，鹿角蜕去。

9 金色园蛛

雄性金色园蛛和其他种类的蜘蛛一样，个头比雌性小得多，并且还有被它吃掉的危险。但体型小的好处在于雄蛛能在雌蛛没有注意的情况下和它交配并偷走它的食物。

分杈的大鹿角

雌鹿比雄鹿体型小

雌性折衷鹦鹉羽色呈深红色和蓝色

体型较小的雄性金色园蛛偷偷接近雌蛛

求偶

许多雄性动物利用各种不同的求爱方式吸引雌性。鸟类表现出的求偶行为非常壮观。雄性鸟类通过歌唱、跳舞或其他的策略向雌性示爱。有些鸟类，雄性的羽毛颜色比雌性鲜艳很多，而它们就利用羽毛来展示自己。有些鸟类，如鹰，一旦向异性示爱，就要开始终生的伴侣之路。

翠鸟 ▲
对很多鸟类来说，如翠鸟，求偶期的给食非常重要。雄性通过向雌性提供食物来增进彼此之间的好感。在雌鸟孵卵期间，这种食物补给会持续下去，这样雌鸟才不会挨饿。

▼ 蓝脚鲣鸟
这些生活在太平洋海域的海鸟有一双大大的蓝色蹼足。求偶时，雄性蓝脚鲣鸟会重重地跺脚，并翘起尾巴，趾高气扬地在雌性面前展示它的大脚，取悦雌性获得交配权。

琴鸟 ▲
为了吸引雌性，雄性澳大利亚琴鸟将它长长的、美丽的尾羽展开。它还会唱复杂的歌曲，模仿其他鸟类的鸣叫和森林中的其他声音，如锯木头的声音。

白头海雕 ▼
雄性和雌性白头海雕的求偶表演极富戏剧性。它们在半空中上下翻飞，将彼此的利爪勾在一起，向下翻跟头，在将要接近地面时才迅速分开。

春天，艾草榛鸡聚集在叫做择偶场的公共场地中。雄性艾草榛鸡昂首阔步，向雌鸟炫耀它们展开的尾羽，并鼓起颈部黄色的气囊，尽可能吸引更多的雌鸟。

极乐鸟 ▲

雄性新几内亚极乐鸟满身长着艳丽绚烂的长羽毛。在新几内亚森林里，雄性极乐鸟为了胜过对手，会展示它们华丽的羽衣，包括黑色的尾端线。

鹤 ▼

交配是为了延续生命。鹤在繁殖期的初始阶段就开始了猛烈的求爱。丹顶鹤表演着错综复杂的舞蹈，包括鞠躬、向空中跳跃等。

夜鹰 ▲

在非洲，每到繁殖季节，雄性旗翅夜鹰从每个翅膀的中心会长出长长的羽毛。在黄昏飞行展示时，它们围绕着雌性，将长羽毛竖起，像两面旗帜，以取悦雌性。

蓝孔雀 ▼

作为南亚本土的鸟类，雄性蓝孔雀羽色鲜艳，有一副长长的美丽的尾羽。而雌性则长着单调的褐色羽毛。在求偶期，雄孔雀将尾羽打开，形成一幅华丽的扇形图。

卵

从蜚蠊到杜鹃，很多不同种类的动物都产卵。幼小的动物孵化前，在卵内生长发育，营养上自给自足。有些动物产下几枚卵，并照看它们；而有些动物却在产下很多卵后离开它们，任其自由发展。

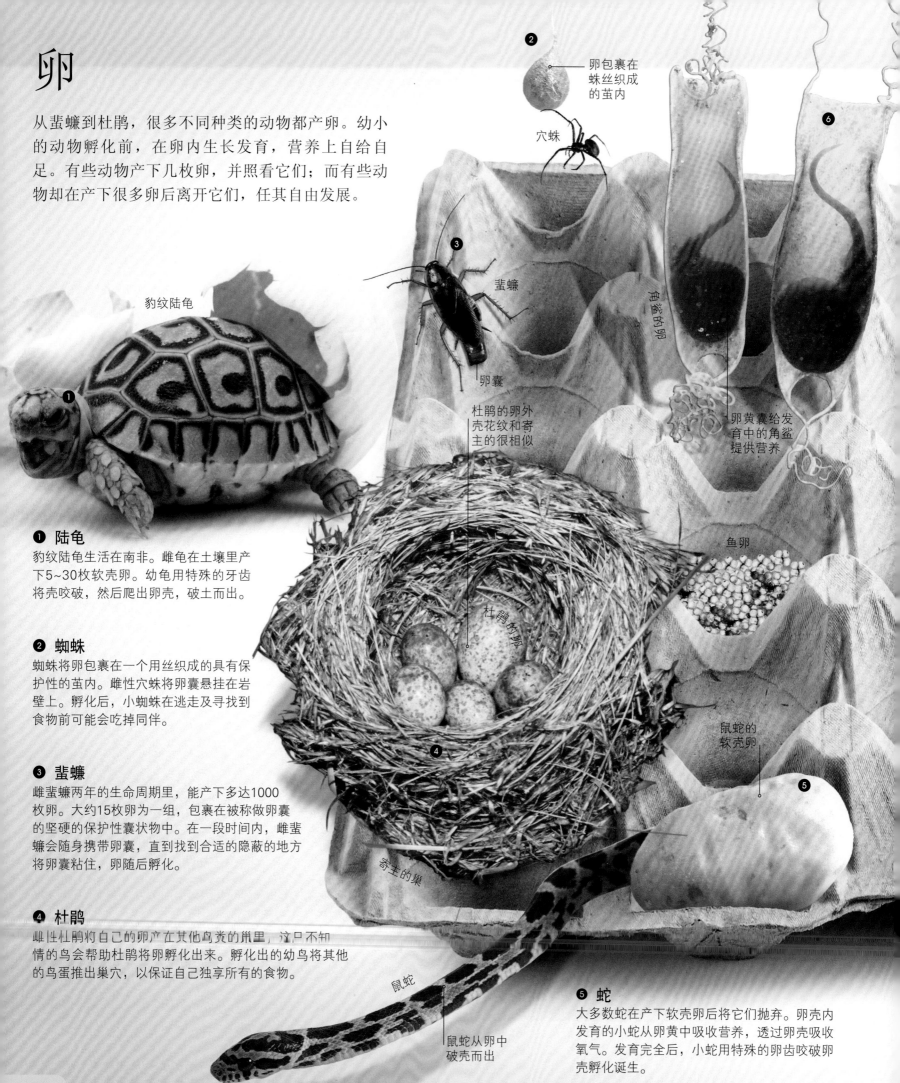

卵包裹在蛛丝织成的茧内

穴蛛

蜚蠊

角鲨的卵

卵黄囊给发育中的角鲨提供营养

卵囊

豹纹陆龟

杜鹃的卵外壳花纹和寄主的很相似

鱼卵

杜鹃的卵

鼠蛇的软壳卵

寄主的巢

鼠蛇

鼠蛇从卵中破壳而出

❶ 陆龟
豹纹陆龟生活在南非。雌龟在土壤里产下5~30枚软壳卵。幼龟用特殊的牙齿将壳咬破，然后爬出卵壳，破土而出。

❷ 蜘蛛
蜘蛛将卵包裹在一个用丝织成的具有保护性的茧内。雌性穴蛛将卵囊悬挂在岩壁上。孵化后，小蜘蛛在逃走及寻找到食物前可能会吃掉同伴。

❸ 蜚蠊
雌蜚蠊两年的生命周期里，能产下多达1000枚卵。大约15枚卵为一组，包裹在被称做卵囊的坚硬的保护性囊状物中。在一段时间内，雌蜚蠊会随身携带卵囊，直到找到合适的隐蔽的地方将卵囊粘住，卵随后孵化。

❹ 杜鹃
雌性杜鹃将自己的卵产在其他鸟类的巢里，这只不知情的鸟会帮助杜鹃将卵孵化出来。孵化出的幼鸟将其他的鸟蛋推出巢穴，以保证自己独享所有的食物。

❺ 蛇
大多数蛇在产下软壳卵后将它们抛弃。卵壳内发育的小蛇从卵黄中吸收营养，透过卵壳吸收氧气。发育完全后，小蛇用特殊的卵齿咬破卵壳孵化诞生。

6 角鲨

这种小型鲨鱼的卵被包裹在一个叫做"美人鱼的荷包"的保护性皮质囊套中。卷须将卵套固定在海草上，避免被浪冲走。小角鲨从卵黄囊中吸收营养，经过几个月的发育，自己破壳而出。

潮湿的羽毛很快会变干

雏雉

随着雏雉的出生，坚硬的卵壳破开了一个口

雉的卵

游隼的卵

海鸥的卵

鸣鸟的卵

鸭嘴兽的卵

瓢虫的卵

蛙卵

印度竹节虫的卵

蝶产在叶片上的卵

蝾螈的卵

鸵鸟的卵

7 在地面营巢的鸟类

在地面营巢的鸟类，如雉，产下一窝硬壳卵。卵的孵化期很长。孵出的雏雉很快就能自行觅食。

8 在崖壁营巢的鸟类

雌海鸥将卵产在十分危险的、狭窄的悬崖岩架上。如果受到打扰，一头尖形的卵只会原地打个转，而不会掉下悬崖。卵壳上具有独特的花纹，即使混入其他的卵中，也很容易被辨识出来。

9 鸭嘴兽

雌性鸭嘴兽是少数产卵的哺乳动物之一。它们在居住的小溪边挖一个洞穴，在其中产下两枚软壳卵。卵孵化大约需要10天，孵化后的幼兽由乳汁喂养长大。

10 蝴蝶

雌蝶将卵产在植物的叶片上，这样可以使幼虫孵出后就能获得食物。但事实上，当毛虫孵出后，首先要吃掉空卵壳内的营养物质，然后才吃叶子。

11 蝾螈

和蛙一样，蝾螈将卵产在水中，卵没有外壳。雌性蝾螈依次产下每一枚卵，然后用脚将每枚卵包裹在海藻的叶子中保护起来，直到蝾螈蝌蚪准备孵化。

91

生命的历史

当动物孵化或出生后，都要经历生长、发育并最终成长为成体，直至繁育下一代的过程。一些幼小的动物，包括哺乳动物、鸟类、鱼类，它们的形态和父母很相像，它们的生命史仅仅是从幼体成长为成体。与此不同的是，有些动物的生命史，如昆虫和两栖动物，要经历变态（变形）发育过程才能长成成体。

▼ 母牛

哺乳动物在母体内发育，出生后以妈妈的乳汁为食。初生的小牛和小马发育良好，刚一出生就能站起来。它们在随后的几年内不断地生长发育，直到它们也能繁育后代。其他哺乳动物，如狐和老鼠，出生后是目盲的，毫无自助能力，它们需要父母持续的照顾。随着生长，身体外形会不断改变。

母牛寸步不离它的孩子

小牛是它父母的缩小版

金雕 ▼

小金雕刚从卵中孵化出来时，和其他幼鸟一样，弱小且无助。在出生后10周内，它们都要留在巢内或巢附近，依赖父母喂食鲜肉。当羽翼发育丰满，年幼的金雕就可以开始飞行并捕猎了。当发育成熟后，雌雄金雕会终生生活在一起。

1. 刚出生的小金雕全身长满雪白的绒毛。

2. 大约几周后，在鲜肉的喂养下，小金雕生长迅速。

3. 年幼的金雕已经做好飞行的准备，而父母对乞食的后代不予理会。

4. 金雕已经生长成熟，能飞行觅食了。

1.蝌蚪用鳃呼吸。

2.前腿和后腿出现。

3.身体开始看起来像蛙，而尾巴逐渐蜕掉。

4.成体蛙具有紧凑的体型。

▲ 蛙

两栖动物，如蛙，要经历从蝌蚪到成体的变态发育过程。蝌蚪从产在池塘里的卵中孵化出来，它们以植物为食，用鳃呼吸。不久，蝌蚪长出后腿，接着长出前腿。它的头部和眼睛越来越明显，开始用肺呼吸，并以小型动物为食。最后，尾巴蜕掉，蛙长成完整的体型，可以离开水生活了。

照片从这里
传输出去

1.蝶将卵产在叶片上。

2.毛虫用锐利的口器啃食植物。

3.毛虫变成蛹，几天甚至几周静止不动。

4.蝶破茧而出。

▲ 蝴蝶

大多数昆虫，包括蝴蝶，它们的发育过程要经过完全变态。也就是说，它们要经历4个不同的生命阶段。雌蝶产下卵，孵化出的幼虫叫毛虫。毛虫不断地进食植物，然后停止活动，体外形成一个坚硬的外壳，变成蛹。在蛹的内部，身体组织开始重新构造形成蝶，最终破茧而出。

1.若虫在水下生活和捕食。

2.长为成虫。

3.展开的翅膀是透明的，能看到流动的血液。

4.成虫捕食昆虫。

▲ 蜻蜓

有些昆虫的发育过程要经历不完全变态，包括3个阶段：卵、若虫、成虫。蜻蜓的卵孵化为若虫，其形态似没有翅膀的成虫。随着生长，若虫经过蜕皮（蜕去表皮，重新长出新的外壳或外表皮）后，外表皮破裂，长翅的成虫出现。

1.卵产在小溪的河床上。

2.小鱼从卵中孵化出来。

3.年轻的鲑鱼迁移到大海里。

4.成熟后的鲑鱼体色发生了变化。

▲ 鲑鱼

鲑鱼在小溪和河流里产下大量的卵。卵孵化后，小鱼在出生的水域生活成长几个月或几年，随后向大海中迁移。在大海中，鲑鱼还需要几年的时间才能发育成熟。然后它们停止进食，体色发生变化，并游回出生的水域产卵，最终耗尽全力而死去。

亲代养育

对很多动物来说，繁殖就是将卵产下，任其孵化。但另一些动物，特别是鸟类和哺乳动物，通过照料它们的幼崽来展现亲代养育。来自父母的照顾可以让下一代更容易地度过生命最初的充满危险的阶段。

▲ **家猫**
很多幼小的哺乳动物，包括猫，刚出生时十分无助，通常是目盲的，且不能移动。这时，它们完全依赖来自妈妈的温暖及保护，靠吸吮妈妈的乳头获得乳汁来进食。

▲ **象**
有些哺乳动物，包括象和其他有蹄类哺乳动物，胎生的幼崽出生后不久就能行走和奔跑。小象由妈妈和象群里其他雌性亲戚抚养，这些母象要照料小象很多年。

◀ **袋鼠**
年幼的有袋类哺乳动物，如袋鼠，出生时很小且没有发育完全。出生后它们转移到妈妈的育儿袋里继续发育几个月，在妈妈的乳汁喂养下不断成长发育。

▲ **蝎子**
母蝎将出生后的小蝎子背在背上，直到它们能独当一面。其他蛛形纲动物，包括一些种类的蜘蛛，会用蛛丝将卵缠成一个球悬挂在自己的周围进行保护。

天鹅 ▶

在地面营巢的鸟类，幼鸟从卵中孵化出来后发育状态良好，很快就能四处活动。但它们依然受到父母的照顾，经常跟在父母的身后，有时候，小天鹅还会爬到父母的背上。

▲ 蓝冠山雀

在树上营巢的鸟类，如蓝冠山雀，幼鸟刚出生时不仅目盲、体无覆毛，还十分无助。它们的父母则整日奔波，捕捉昆虫来喂这些张着大嘴嗷嗷待哺的幼鸟，这样它们才能快速成长。

金蜣象 ▶

蜜蜂和其他社会性昆虫在群体内统一照看后代，而大多数昆虫产下卵后则任其自己孵化。金蜣象则守卫着它们的卵，保护小蜣象免受捕食者侵袭。

◀ 海马

大约有1/4的鱼类显示出了亲代养育，这种照顾通常来自父亲。例如，雌性海马将卵产在雄性海马身前的育儿袋内，雄性随身携带直到小海马孵化。

▲ 短吻鳄

除了少数蜥蜴和蛇会守护它们的卵外，短吻鳄和它们的近亲是唯一展现父母关爱的爬行动物。从产下卵到孵化，雌性短吻鳄会一直守护着。小短吻鳄出生后，母亲还会一直照顾它们，直到孩子们能独立生活。

▼ 领毒蛙

一些蛙产下少量卵后，会一直守护着，直到蝌蚪孵化出来。雄性领毒蛙在蝌蚪孵化出来前一直保护它们。孵化后，它将蝌蚪带到最近的小溪中，帮助它们完成完整的发育过程。

企鹅群

在寒冷的南极地区，帝企鹅一半时间生活在陆地上，一半时间生活在水中。这些耐寒的鸟类从不单独生活，而是以大群的形式聚集在一起。

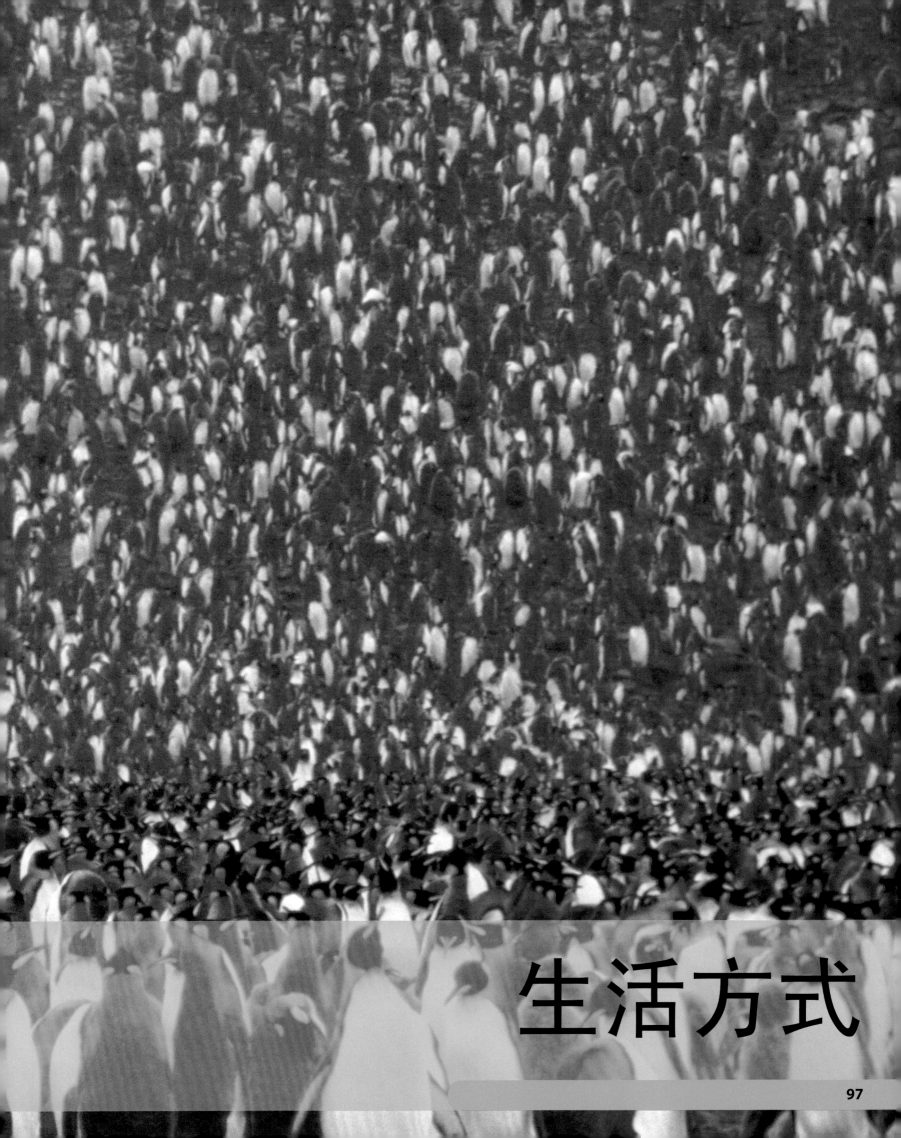

生活方式

生境

大多数动物都有自己独特的栖息场所，叫做生境或栖息地，它们在这里生活和繁衍。每个生境，无论是沙漠还是热带丛林，都具有一定的特征，如降雨量、海拔（海平面以上的高度）、温度和生长于此的植物类型。这里挑选了地球上众多生境中具有代表性的，以及生活在其中的动物进行介绍。

▲ 针叶林

这些茂密的松树和其他针叶树，覆盖着北美洲北部、欧洲和亚洲的部分地区，它们能忍受漫长而寒冷的冬季。在短暂的夏季，针叶林里住满各种动物，包括昆虫、吃种子的鸟儿、野兔、驼鹿、狼和猞猁。为了在冬天也能生存，大多数动物会采取迁徙或冬眠的方式过冬。

珊瑚礁 ▶

珊瑚礁由微小的动物构成，分布于热带海洋的浅水区域。它们为种类庞杂的小型鱼类和其他动物，包括章鱼、鲨等捕食者，提供食物和庇护所。

◀ 非洲大草原

在这片辽阔的大草原上点缀着一些树，生活着大量的动物。这里气候炎热，雨季和旱季交替而来。大群的食草动物，如斑马，被狮和鬣狗等捕食者窥视着。

山脉 ▶

山脉地区具有几种不同的生境。海拔越高，气温越低，风也越大，能在这种环境下生存的动物也就越少。在安第斯山脉，从低地森林到陡峭的山峰，都可以见到这些食草动物——原驼。

▲ 沙漠

在这个干旱严酷的环境里，白天气温飙升，到了夜晚则骤然下降。尽管如此，仍有一些动物生活在这里。很多动物，如细尾獴（猫鼬），会挖洞抵御炎热和寒冷，以及躲避捕食者的侵袭。

热带森林 ▶

这片浓密的森林生长在温暖、潮湿的赤道附近地区，有超过一半以上的动物居住在这里。森林的每一层都为鸟类、猴子和其他动物提供庇护所和食物。

◀ 南极洲

南极洲大陆覆盖着一层冰雪，缺少植被，终年与严寒相伴，尤其是在黑暗的冬季，这里几乎没有永久居住的动物。然而，在环绕这片陆地的海域中却生活着很多动物，如海豹、鲸和企鹅，其中有些动物就在南极洲繁衍生存。

落叶林 ▶

这片森林生长在夏季温暖、冬季凉爽的地方。这里四季更迭，落叶纷纷，为鸟类提供了大量的昆虫食物源。其他森林动物，包括松鼠、狐、熊、猫头鹰和鹿生活在林中的空地上。

巢穴

尽管有些动物不断地迁移，但有一些动物却在建造用来躲避坏天气、抵御捕食者，同时保护自己和幼崽的巢穴。有的巢穴，如鼹鼠的地穴，比那种临时搭建的鸟巢更坚固耐用。从更大的范围来说，许多动物守卫着领地是为了保护食物和水源。

❶ 黑猩猩仰卧在枝叶茂密的巢中

❶ 逗留一夜

在结束了白天的丛林觅食后，黑猩猩会在树上搭一个简单的巢过夜。它们用树枝叠放在一起搭成一个平台，再放些多叶的嫩枝。第二天黑猩猩离开巢继续觅食，很少再回旧巢过夜。

❸ 地穴和活盖

螲蟷挖一条垂直的地穴，在地表入口处安装一个可以开启的用蛛丝制成的活盖，并用细枝和土伪装起来。螲蟷在地穴里静等猎物，当它感觉到猎物经过产生的震动时，会从活盖中冲出，抓住猎物美餐一顿。

❷ 河狸的巢用树枝和泥搭建而成

❷ 水上居所

河狸是自然界的工程师。这些喜水的啮齿动物用它们锋利的门齿切断树干和树枝，用以拦水筑坝，形成池塘。它们在池塘中搭建一个入口在水下的巢穴，在这里进食、繁殖、哺育后代，以及防御敌人。

❸

❹

螲蟷打开活盖，从地穴中露出头来

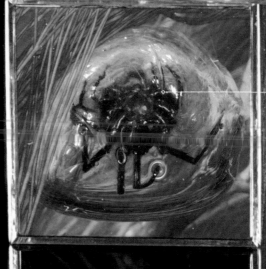

❺

一只鼹鼠正在吃进入土穴的蚯蚓

❻

水蜘蛛在气泡里呼吸空气

❹ 移动的家

有些动物将家随身携带着，遇到捕食者时还能充当庇护所。寄居蟹的腹部柔软脆弱，它们借用一片软体动物的空壳当作巢。如果遇到威胁，寄居蟹会缩回壳里。随着生长，寄居蟹的身体不断变大，它们会再寻找一片更大的壳当作新家。

❺ 地下巢穴

鼹鼠圆柱形的身体、短短的皮毛、锹状的前腿和出色的嗅觉与触觉，非常适于打洞。它们将位于地下的几个巢穴连接成一个隧道网，然后有规律地进行巡视，找出需要修理的地方，同时搜寻多汁的昆虫或蠕虫。

❻ 气泡巢穴

水蜘蛛是蜘蛛中唯一永久的水下居住者。它们在水下结网，网内充满空气。在等到网内的空气形成气泡时，就将气泡投掷出去，用以捕捉路过的猎物。水蜘蛛经常浮出水面，用多毛的身体收集微小的气泡，以补充水下气泡的供给。

❼ 鸟巢

这些巢是鸟类在繁殖季节临时搭建的，形状和大小各异。巢为卵的孵化提供空间，并能帮助保温，同时也是幼鸟的庇护所。凤头䴙䴘将巢建在水上，这样能够阻断陆地捕食者的进攻通道。

❽ 领地

有些动物向外界声明自己的领地，并守卫着它。它们这样做是为了保护食物、水和配偶免受对手侵袭。雄性猎豹在树上喷洒气味浓烈的尿液作为划分自己领地的标记。

❾ 树洞

无论是天然形成还是开凿而成，树洞可以成为如啄木鸟和松鼠等很多动物的住所。雌性山地知更鸟在树洞里营巢并产卵，雄性会守护着它。

❿ 蚂蚁的植物之家

阿兹特克蚁是几种与植物有特殊关系的蚂蚁中的一种，它们生活在号角树上，能阻止一切以植物为食的昆虫的袭击和附生植物的入侵。号角树为阿兹特克蚁提供食物，蚂蚁则在树干内筑中空的巢。

鹈鹕的巢漂浮在水上

雄性山地知更鸟从树洞巢穴中现身

阿兹特克蚁在开放的树巢中照顾它们的卵

在黑暗中

很多动物并不在阳光下活动，它们更喜欢在夜幕的掩护下觅食。有些夜行性动物，在夜间活动是为了躲避白天的高温、捕食者或其他竞争性的物种；而另一些动物则生活在深海、地下或洞穴这种长期黑暗的生境中。它们都有在无光的环境下导航和寻觅食物的本领。

流苏状的飞羽使飞行趋于无声

仓鸮 ▼

这种夜行性动物是异常优秀的捕食者，它们能在漆黑的环境中捕猎。它们依靠敏锐的听觉定位猎物，然后无声地俯冲下去，用尖锐的利爪抓住猎物。和其他猫头鹰一样，仓鸮有一对大眼睛，非常适宜在暗淡的光线下视物。

欧鼹 ▼

视觉和听觉对这些生活在地下的挖掘专家来说并不是那么重要。因为它们的头部有非常敏感且能活动的口鼻，上面长着和触觉感受器相连接的胡须。鼹鼠通过嗅觉和触觉定位食物，包括掉进地穴的蚯蚓、蛞蝓和昆虫幼虫。

黑尾兔 ▶

和许多沙漠动物一样，黑尾兔在炎热高温的白天躲藏在阴影中，到了凉爽的夜晚才现身觅食。黑尾兔用长长的耳朵细听捕食者，如郊狼的动静。

新西兰沙螽 ▶

这些蜥蟀的近亲仅产于新西兰。白天，沙螽躲在原本是甲虫挖掘的树洞里。到夜晚，它们才会出来觅食植物和小型昆虫。沙螽在黑暗中依靠长长的触角精确地定位和发现猎物。

萤火虫 ▶

萤火虫是夜行性飞行甲虫，腹部具有发光器官，器官内有一种被称为荧光素的物质，通过化学能释放光芒，并用极少的能量转化为热量，这是一个高效的反应过程。萤火虫利用光来吸引潜在的配偶。

蝰鱼 ▲

蝰鱼生活在光线无法透过的大海深处。和其他深海鱼类相似，蝰鱼也有发光器官。位于背鳍顶端的一个发光器官不断闪光，以吸引猎物游向它张开的布满尖牙的大口。蝰鱼沿身体分布的发光器官则用于和同伴交流。

◀ 大耳蝠

很多蝙蝠都以昆虫为食。蝙蝠的视力很差，它们利用回声定位来追踪和捕捉猎物。蝙蝠在飞行过程中释放出高频的声音，碰到物体就会反射回来。返回的声音被蝙蝠的耳朵接收后形成一幅"声音图像"，从而判断猎物的位置。

赤狐 ▶

赤狐是机会主义者。它们夜间出来捕食，具有敏锐的听觉、嗅觉和视觉，耳朵能听见啮齿动物在草丛中发出的瑟瑟声。它们的眼睛和大多数夜行性哺乳动物一样，具有反光层，能提高夜间的视力，看上去像是能发出绿色的光。

婴猴 ▶

婴猴在夜晚非常活跃，它们在非洲丛林中的树枝间跳来跳去。大大的眼睛能看见黑暗中的物体，可活动的耳朵能准确捕捉昆虫的飞行踪迹，定位后，它们用能抓握的手指将猎物捉住。

德州河溪螈 ▶

有些动物一生都住在洞穴里，如德州河溪螈，因此它们不需要视力。这些居住在简陋洞穴里的德州河溪螈的眼睛已经退化成两个小黑点。它们通过触觉来确定小虾和其他无脊椎动物的位置。

生态系统

在一个生态系统中，动物、植物和其他有机体与它们周围的环境互相作用着。热带雨林是世界上最丰富的生态系统，位于赤道附近，炎热、潮湿，分布着大量的植物，为食草动物提供丰富的食物来源，而食草动物又被食肉动物吃掉。下面以生活在南美洲热带雨林生态系统中的一些动物为例进行说明。

❶ **食果蝠**在丛林间飞来飞去，以成熟甘甜的水果为食。

❷ **茉莉亚蝶**以花朵的花蜜为食。

❸ **角雕**在雨林树冠层翱翔，俯冲抓住猴子、蛇等猎物。

❹ **巨嘴鸟**用长长的、色彩鲜艳的喙摘取水果。

❺ **吼猴**群居生活，以树叶为食。它们的叫声在距离很远的地方都能听到。

❻ **小食蚁兽**是食蚁动物，它们使用长而黏的舌头捕捉蚂蚁和白蚁。

❼ **绯红金刚鹦鹉**用弯曲的喙砸开水果或尖果的壳。

❽ **蓝色大闪蝶**以熟透的水果果汁为食。

❾ **蜜熊**是哺乳动物，用蜷曲的尾巴抓牢树枝。

❿ **隐蜂鸟**以下层林木的花朵为食。

⓫ **雨蛙**在潮湿的环境下茁壮成长，以昆虫为食。

⓬ **绿鬣蜥**以树叶和水果为食。

⓭ **石氏矛头蝮**是一种毒蛇，以

蛙、蜥蜴和小型鸟类为食。

⓮ **南美貘**用它那灵活的可自由伸缩的口鼻取食草、树叶、嫩芽以及小树枝。

⓯ **巴西漫游蛛**是一种极富侵略性、剧毒的蜘蛛，它们捕食昆虫、小型蜥蜴和老鼠。

⓰ **独角**在森林地表游走，寻找腐烂的水果。

⓱ **巨蜈蚣**的猎物范围很广泛，包括昆虫、蜥蜴和小型鸟类。

⓲ **刺豚鼠**是啮齿动物，吃掉落到地上的水果、树叶以及草根。

⓳ **美洲豹**是大型捕食者，以追踪和伏击猎物而闻名。猎物包括貘和鹿。

吼猴蜷曲的尾巴能紧紧地抓住树枝，让它们游荡在丛林顶层

◀ 露生层

雨林中最高的树，能生长到60米甚至更高。这些树突出于雨林中其他的树木形成露生层。位于露生层的树顶能充分享受阳光的沐浴，但同时也暴露在狂风暴雨之中。露生层是猴子、蝙蝠、蝴蝶和猛禽的家。

角雕的翼展可达2米

◀ 树冠层

这一层生活着数量最庞大，种类最繁多的动物。树冠层由距离地面15~40米的高大树木的树叶和树枝组成，形成浓密的"屋顶"。这里有充足的食物，住在这里的动物，包括猴子、鸟类、蜥蜴和雨蛙，都不需要到森林地表去冒险。数量惊人的昆虫也以此为家，它们中尚有很多种类未被发现和命名。

◀ 下层林木

只有很少的阳光能穿透露生层到达这一层，并最终照射到枯枝落叶层。很多喜阴的灌木和小型树木通过长着的大片树叶抓住这稀有的阳光。鸟类、蛇、蜥蜴和昆虫生活在这里。有些捕食者，比如美洲豹，会从森林的枯枝落叶层爬到下层林木。

◀ 枯枝落叶层

这里阴暗、炎热、潮湿，少有地表植被。蚂蚁、甲虫和大量的小型动物以树叶、水果为食，从露生层掉下来的动物尸体被分解为树木生长所需要的养分，动物再以植物为食，而食草动物则被更强大的食肉动物所捕食，如此循环。

虎鲸

南露脊鲸

张开的大口滤食着海洋中数量巨大的磷虾

豹形海豹

食蟹海豹

鳍状肢让企鹅能优雅快速地游泳，追捕海洋中的猎物

企鹅

鱼

磷虾

浮游植物

食物网

在南极洲附近冰冷、营养丰富的海洋中，存在着大量的生命。像植物一样的微生物利用太阳能生产食物，被磷虾吃掉，而磷虾又是海洋中巨大的鲸的食物。众多这样的食物链组合在一起形成食物网，将生态系统中所有的物种连接起来。任何一个生态系统，如珊瑚礁、林地或沙漠都具有各自的食物网。

◀ 食物网是如何工作的

食物网显示的是一个生态系统中生物取食与被取食的关系。组成食物网的每条食物链中，箭头指向的是能量流动的方向，即一种生物被另一种生物吃掉。食物链中每个步骤的能量都会流失一部分。因此，传递给下一个动物的能量比上一个层级要减少一些。

① 生产者

所有食物网的起点都是生产者，利用太阳能生产食物的过程叫做光合作用。在这个南极食物网中，生产者是微小的浮游植物，一种漂浮在海洋表面的像植物似的有机物。生产者为食物网的所有其他物种提供所需的能量。

② 初级消费者

与生产者不同，初级消费者无法自己制造食物。它们以生产者，即浮游植物为食。南极食物网的初级消费者包括浮游动物（大量微型动物）和磷虾。

③ 次级消费者

尽管叫食蟹海豹，但它们主要以磷虾为食，用与众不同的牙齿从水中过滤食物。它们与企鹅、能忍受寒冷冰水的鱼和乌贼共同组成次级消费者，以初级消费者为食。这个食物网中的消费者只需大家初步了解，实际上，消费者通常属于多个食物链，在每个食物链中属于不同的等级。

④ 三级消费者

在每条食物链中，一只动物只能将从被它吃掉的动物那里获得的能量的10%传递给吃掉它的动物，其余的能量则被其活动和身体运转所消耗，或作为热量而散失。因此，每个等级的动物所供养的动物比前一个等级的更少。在这里，三级消费者是象海豹。

⑤ 顶级食肉动物

豹形海豹和虎鲸是这个南极食物网中的顶级食肉动物和消费者。它们相当于非洲热带草原上的狮子，捕食大多数猎物。它们没有自然天敌，但虎鲸有时也吃豹形海豹，因此虎鲸位列食物网的最顶端。

④ 象海豹

③ 乌贼

浮游动物

桡足类是小型甲壳动物，是组成浮游动物的关键部分

②

休憩

动物在食物和水源充足、气候温暖的情况下茁壮成长。但动物生活的环境会随着季节，甚至昼夜的交替而发生明显变化，特别是在地球上气候温暖和寒冷的不同地区，这种变化更为明显。在极度寒冷或缺少食物和水时，有些动物会采取休憩的战略，包括冬眠、蛰伏或夏眠，通过减少活动来保存能量。

❶ 暂停活动

熊虫是一种微生物，通常生活在水里。如果它们周围环境过于干燥，熊虫就会将身体蜷起来并关闭体内的代谢系统。它们能以这种假死的状态暂停生命活动达25年之久，一旦有水，就能复活。

熊虫

美洲黑熊

蜂鸟

蜂鸟扇动翅膀的频率很快，它们必须整天采食花蜜，才能维持身体所需的能量

沙螈

❷ 夏眠

夏眠是某些生活在炎热地区的动物在干热季节采取的一种休眠行为。为了躲避夏季的高温，蜗牛将自己封闭在壳内，身体与壳附着在一起，处于不运动的状态。沙螈生活在地下，只有下雨时才会爬到地面上产卵。

❸ 冬季睡觉

秋天，为了躲避寒冷和应对食物短缺，很多熊都会进入一种休息状态，叫蛰伏。此时，它们的心跳和呼吸频率都降到最低。在蛰伏前，它们贪婪地吃下大量食物来增加脂肪含量。蛰伏的熊睡在洞穴中，但它们很容易醒来。

❹ 爬行动物的休息

爬行动物，如北美红边束带蛇，生活的地方冬季很寒冷，它们会采取休息的方式过冬。当气温开始下降时，束带蛇慵懒地聚集在一个安全的地方。开春时，它们会一起现身享受温暖。

生活在山地的旱獭，由于体形原因，不得不在洞穴中冬眠过冬

旱獭

菜粉蝶

红边束带蛇

刺猬

水鼠耳蝠

❼ 每天的休息

有些小型动物，如蜂鸟和蝙蝠，每天都有固定的休息时间。白天，蜂鸟体温长久地保持一个恒定的温度，到夜晚休息时体温降低，保存能量。蝙蝠也采取同样的策略，但它们白天休息，夜晚才开始捕食昆虫。

金花鼠在冬眠之前吃下大量的食物，并在过冬的洞穴里储存一部分

❻ 滞育

昆虫，如蝴蝶，会经历不同的生长发育阶段：卵、幼虫、蛹和成虫。这个发育过程出现延时，使昆虫获得最佳的生存机会，这个延时的过程叫滞育。如果一只菜粉蝶在夏末产下卵，到了冬季，在蛹的阶段会停止发育，春天来临，蛹再次发育。

金花鼠

❺ 冬眠

哺乳动物是内温（温血）动物，它们需要规律的饮食来保持体温恒定。在冬季，小型哺乳动物如旱獭、刺猬、金花鼠和蝙蝠很难做到这一点；因为这个时期食物缺乏，热量又很容易散失。为了生存，它们会找一个庇护所冬眠。冬眠时，体温、心跳和呼吸的频率都会明显降低。

夏眠期间坚硬的壳保护着蜗牛

巨型陆地蜗牛

北美洲

① 红交嘴雀

红交嘴雀生活在北美洲和欧洲北部的森林中，以松子为食。当松子的数量逐渐减少时，大量的迁徙活动就会急剧增加，此时红交嘴雀开始向南飞行寻找食物。

② 灰鲸

每当春季和秋季，灰鲸会在北极的夏季觅食场和冬季的繁殖地——墨西哥的下加利福尼亚州近海的潟湖之间往返。

③ 龙虾

成年的加勒比龙虾生活在珊瑚礁中，到秋季时，它们会迁徙到更深的水域，躲避较冷的环境。但不寻常的是，它们会大规模集群迁移，在到达开阔的水域后才会分开。

④ 欧洲鳗鲡

自从在大西洋西部开始了生命，年轻的鳗鲡就开始向东边的欧洲水域迁徙，这个旅程大约需要3年时间。几年后，它们再返回出生地进行繁殖。

⑤ 海龟

大约每3年，这些海洋爬行动物就会从觅食海草的巴西海岸，开始一段4000千米的旅途，到达位于南大西洋的阿森松岛进行交配繁殖。

南美洲

迁徙

很多动物永远不会离开它们的栖息地，但有些动物为了躲避严寒和酷暑，寻找食物或繁育后代，而进行有规律的迁徙（从一个栖息地迁移到另一个栖息地）。这个路途有的可能很短，如大蟾蜍的迁徙；但有的却非常遥远。迁徙往往是与季节变更同时进行的，但有些动物，如鳗鲡，它们一生都在迁徙。

⑦ 北山羊

作为强壮的跳跃者和高超的攀爬者，这些动作敏捷的高山山羊夏季生活在高海拔地区，当冬季来临食物匮乏时，便会迁移到低海拔地区。

⑧ 普通楼燕

这些卓越的飞行家在非洲越冬，它们用翅膀捕捉昆虫。四月，它们向北飞至欧洲，在那里进行繁殖，度过整个夏季，在秋季来临前再返回非洲。

⑨ 角马

角马是一种羚羊，它们构成了世界上最大的哺乳动物迁徙群，迁徙数量可达150万头。它们按照三角形的路线跨越非洲大草原寻找水和新鲜的草场。在迁徙的路上，很多角马沦为猎豹、鬣狗和鳄等食肉动物的猎物。

⑥ 北极燕鸥

这种海鸟每年迁徙的距离令人难以置信，可达40000千米。北极燕鸥利用漫长的夏季在北极地区繁殖。秋天来临，它们便开始一场史诗般的旅行，飞往夏季才刚刚开始的南极地区。

10 大蟾蜍

成年后，大蟾蜍大部分时间都生活在陆地上。但每年当它们从冬眠中醒来时，都会按照相同的路线返回当初孵化的池塘进行繁殖。

⑪ 博根蛾

这种昆虫在澳大利亚南部很常见。数百万博根蛾为了躲避夏季的酷热，飞到澳大利亚阿尔卑斯山，它们在岩壁裂缝和山洞中栖息。到了凉爽的秋季，它们再飞回内陆草场产卵。

极端环境下的生命

哪里的气候温暖、水源和食物充足，哪里的动物就会生长旺盛。在炎热干燥的沙漠，阴暗的深海和冰冷的南北极就不会出现此番景象，因为恶劣的环境可能会导致很多动物死亡。尽管如此，还是有一些动物在这些地方顽强地生存了下来。它们适应了极端环境下的生活，例如，忍受深海的高压、能喝水，不需要喝水，对刺骨的寒冷有很好的抵抗能力。

南极冰鱼 ▶

由于具有"防冻"蛋白，南极冰鱼可以将血液既清澈又稀冻成冰。同时它们的血液清澈又稀少，即使在水冷的环境中也能轻松地循环流动。

冰冷的水 ▲

鱼类是外温（冷血）动物，它们体内的温度随周围环境的变化而变化。因此，在寒冷的北冰洋中，鱼类会被冻死。但北极鳕却能在如此冰冷的水中生存。它们具有"防冻"蛋白，能防止血液冰晶化，并保持体液的流畅。

北极鳕

▶ 压力之下

在海洋深处，动物必须承受足以将人压碎的压力。抹香鲸生活在水下3000米处，它们将柔韧的胸腔收缩使肺部萎陷。在漆黑的海洋深处，深海鮟鱇能发出光亮诱惑猎物靠近，再用大嘴抓住猎物。

吞噬鳗

抹香鲸

鳗形大头鱼

白皮蟹

管虫

深海热液口 ▲

热液口是能喷发出高温、富含矿物质水流的开口。细菌能在这种严酷的环境量转物质，从热液口喷出的化学物质中获取能量，相应地，这化为糖分，成为深海鳗鱼等捕食者吃掉。生存，从而糖分，成为深海鳗形大头鱼等捕食者吃掉。

北极狐

帝企鹅

美洲林蛙

沙漠跳鼠

单峰驼

寒冷大地 ▲
北极狐厚的皮毛和保温的脂肪能帮助
它们抵御－40℃的低温。南极的帝企鹅
也生活在相似的环境中，雄性帝企鹅挤
在一起孵化卵。在加拿大最寒冷的冬季
时节，美洲林蛙被冻成固体，之后随着
春天的来临再解冻。

酷热沙漠 ▶
有些动物在酷热缺水的沙漠中繁衍生息。
沙漠跳鼠可以不喝水，在炎热的白天躲在
地穴中，夜晚出来寻找种子，从种子中获
取水分。骆驼能忍受高温，并且可以几周
不饮水。当发现水源时，它们能在几分钟
之内补充体内缺失的水分。

沙鳉 ▲
生活在北美洲西南部沙漠的温泉
中，这些小型鱼类对严酷环境的高
忍耐力非常强，它们能在盐分高
于海洋6倍且温度高达45℃的水
中生存。

合作

如何日复一日地活下来对大多数动物来说是一个严酷的命题。有些动物为了增加生存的机会，努力加强与其他动物的合作。共生指两种不同生物个体间以任何形式的共同生活，包括互惠共生和偏利共生。互惠共生是合作的双方都受益。偏利共生又叫共栖，是只对一方有利，另一方不受影响，如潜鱼和海参。

水牛容许牛椋鸟的存在

牛椋鸟啄食令水牛恼火的寄生虫

蚂蚁保护蚜虫不受敌人侵害

蚜虫吸食植物的汁液

▲ 牛椋鸟和水牛

牛椋鸟是生活在非洲大草原上的一种鸟类，与水牛、犀牛和其他大型动物关系亲密。它们栖息在这些大型动物身上，啄食蜱和其他恼人的寄生虫。牛椋鸟获得食物的同时，它的伙伴也减轻了痛苦。

蚂蚁和蚜虫 ▲

有些蚜虫和蚂蚁之间存在互惠共生的关系。蚜虫是一种从植物茎干中吸食富含糖分的汁液的昆虫。蚜虫食用汁液后，会从身体后部分泌出多余的蜜露，供蚂蚁食用。同时，蚂蚁保护蚜虫免受瓢虫等捕食者的伤害。

海葵的触手

海葵触手中的克氏海葵鱼

◀ 克氏海葵鱼和海葵

很多动物一旦误入海葵带有刺细胞的触手中，就会被麻痹，继而难逃被吃掉的命运。但克氏海葵鱼却显示出了超强的免疫力，它们紧密地生活在海葵周围，遇到威胁时便会躲进海葵的触手中。相应地，它们还能诱惑猎物供海葵食用。

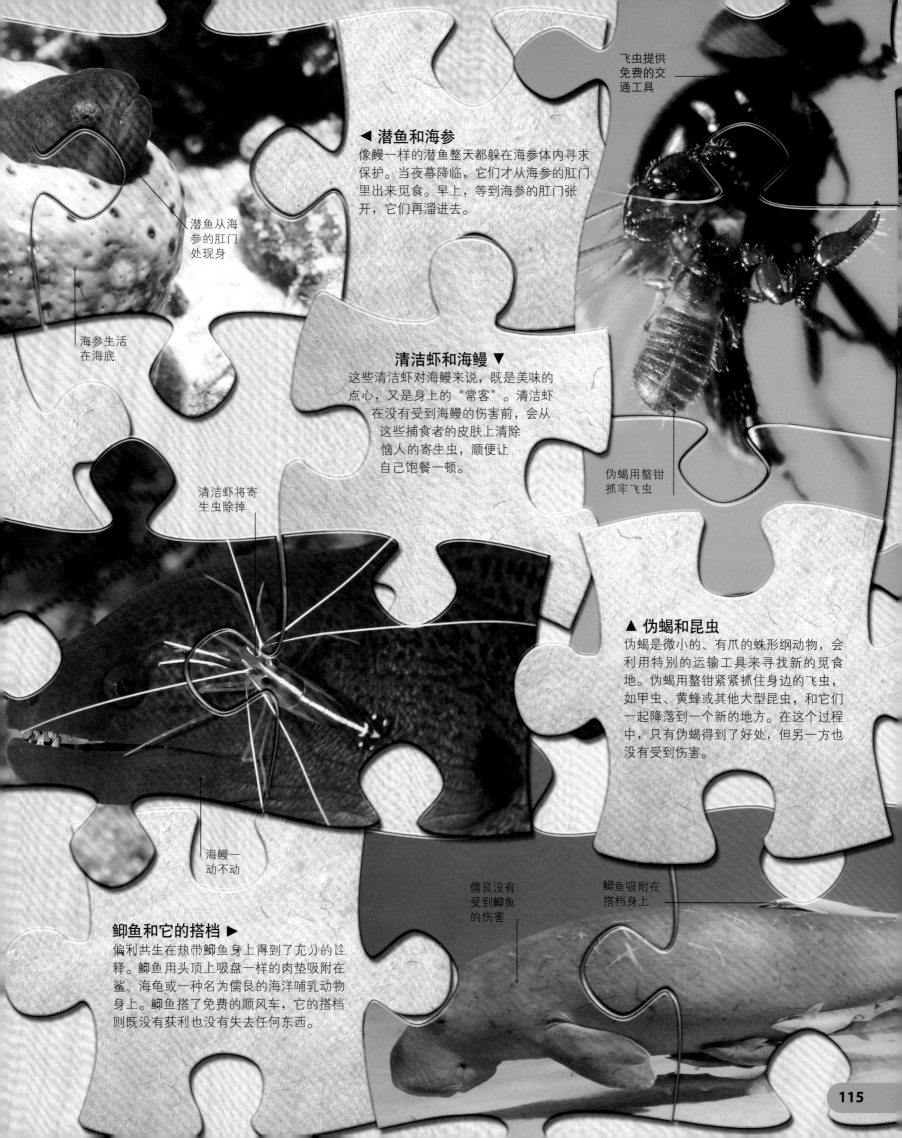

飞虫提供
免费的交
通工具

◀ 潜鱼和海参

像鳗一样的潜鱼整天都躲在海参体内寻求
保护。当夜幕降临，它们才从海参的肛门
里出来觅食。早上，等到海参的肛门张
开，它们再溜进去。

潜鱼从海
参的肛门
处现身

海参生活
在海底

清洁虾和海鳗 ▼

这些清洁虾对海鳗来说，既是美味的
点心，又是身上的"常客"。清洁虾
在没有受到海鳗的伤害前，会从
这些捕食者的皮肤上清除
恼人的寄生虫，顺便让
自己饱餐一顿。

伪蝎用螯钳
抓牢飞虫

清洁虾将寄
生虫除掉

▲ 伪蝎和昆虫

伪蝎是微小的、有爪的蛛形纲动物，会
利用特别的运输工具来寻找新的觅食
地。伪蝎用螯钳紧紧抓住身边的飞虫，
如甲虫、黄蜂或其他大型昆虫，和它们
一起降落到一个新的地方。在这个过程
中，只有伪蝎得到了好处，但另一方也
没有受到伤害。

海鳗一
动不动

儒艮没有
受到鲫鱼
的伤害

鲫鱼吸附在
搭档身上

鲫鱼和它的搭档 ▶

偏利共生在热带鲫鱼身上得到了充分的诠
释。鲫鱼用头顶上吸盘一样的肉垫吸附在
鲨、海龟或一种名为儒艮的海洋哺乳动物
身上。鲫鱼搭了免费的顺风车，它的搭档
则既没有获利也没有失去任何东西。

薄纸般的墙
由咀嚼过的
木纤维制成

工蜂觅
食归来

动物群体

纵观动物世界，有很多生活在社会化群体中的动物为例。其中组织和结构最严密的要数昆虫群体，蜜蜂和黄蜂。在这些昆虫群体中，每个个体都有特定的阶层和各自的工作，如收集食物或养育幼虫。如下例中的黄蜂群，它们由蜂王领导。

❶ 黄蜂的社会化等级分工

在黄蜂一生的大部分时间，蜂巢里只包含两个等级：体型较大的蜂王和它的小工蜂们。蜂王负责产卵并控制整个蜂群。工蜂则从事各种各样的工作，包括修建和维护蜂巢，寻现食物和喂养幼虫，以及抵御入侵者。在夏末，一些体型大一些的幼虫会发育成为蜂和新的蜂王，它们离巢交配。雄蜂交配后很快死去，年轻的蜂王寻找藏身处去冬眠。老的蜂群都死掉了，它们的巢空了。

❸ 巢穴

这里展示的是一个切开的蜂巢，以便观察其内部结构。春天，蜂王开始独自修建蜂巢。它将咀嚼的木纤维和唾液混合成像纸一样的物质，用来搭建中心蜂房。当第一批工蜂孵化出来后，它们继续扩建中心蜂房，以便容纳即将产下的更多的卵。春去夏来，从上到下多层的复合蜂巢就竣工了。

❷ 蜂王

春天，新的蜂王从冬眠中醒来，上个秋季进行的交配意味着它已经做好了产卵的准备。首先它会寻找一个筑巢的地点，然后建造一个纸质蜂巢来产卵。它孵化出来的没有生育能力的雌性工蜂会继续建造蜂巢，同时蜂王还会产下更多的卵。蜂王释放出一种叫做信息素的化学物质，能防止工蜂成为蜂王，并且控制它们的行动，让它们从事各种不同的工作。

❹ 巢室

这些六边形的巢室诠释了动物优秀的建筑功底。尽管这些巢室是用木浆构成而成，但六边形的形状使它们非常坚固。在蜂巢小小的空间内，六边形的结构意味着可以使巢室的搭建数量最大化。对蜂王和工蜂来说，修建蜂巢和巢室是它们的本能。

❺ 幼虫

在每个巢室内，蜂王都会产下能孵化出幼虫的卵。幼虫生长迅速，它们以工蜂带来的咀嚼过的毛虫和其他昆虫为食。当幼虫发育充分后，会将吐出的丝编织成一个保护罩将巢室封闭，变成蛹。几天后，一只新生的工蜂从巢室中出现，准备开始履行它的职责。

117

寄生生物

在有寄生关系的两个动物之间，寄生的一方剥削寄主，在它们身上获得食物、庇护或进行繁殖。体内寄生虫，如吸虫或绦虫生活在寄主体内。体外寄生虫，如虱、蜱和螨，生活在寄主体外。还有一些其他类型的寄生生物，包括拟寄生虫如黄蜂，巢寄生动物如杜鹃。

头虱 ▶

这张放大的图片色彩有些失真。头虱是无翅昆虫，生活在人类头发上。它们用前腿紧紧抓牢头发丝，以防在寄主梳头和洗头时滑落。当它们降落在头皮上时，会用口器刺入皮肤吸食血液，寄主会有发痒的感觉。

▲ 杜鹃

雌性杜鹃是巢寄生动物，它们利用诡计欺骗其他鸟类为自己养育后代。雌杜鹃将一枚卵产在寄主鸟类的巢中。孵化后，幼鸟将寄主的卵推下巢穴。在得到寄主全力的照顾后，小杜鹃生长得更加迅速。

◀ 拟寄生虫

黄蜂是典型的拟寄生虫，它们将卵产在活着的寄主身上或体内。寄主为黄蜂幼虫提供了食物，直到幼虫孵化，同时寄主在这个过程中会死去。图片显示的是黄蜂幼虫正从一只死去的毛虫体内爬出。

▲ 胃蝇的幼虫

胃蝇将卵产在哺乳动物的皮肤上。当卵孵化成幼虫时，会钻入寄主的皮肤里继续生长，直到长成大型的蛆（如上图）。之后，它们再钻出寄主皮肤，落入土壤变成蛹，等待孵化为成虫后飞出。

七鳃鳗 ▶

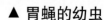

这种无颌鱼是鳟鱼、鲑鱼和其他鱼类的体外寄生物。它用吸盘状的口和成排的小而锋利的牙齿紧紧夹住寄主身体一侧。七鳃鳗用锉刀状的舌头在寄主的皮肤上磨出一个洞，吸食里面的血液和组织细胞。

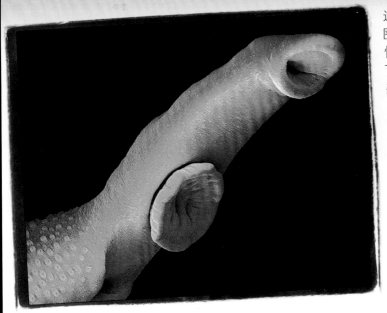

◄ 裂体吸虫

这种高度特化的扁形虫生活在人类膀胱或肠周围的血管内。雄性和雌性生活在一起，由雄性的吸盘（左图）固定在血管壁上。它们产下的数百万枚卵被排出寄主体外，再去传染新的寄主。

等足动物 ►

等足动物属于甲壳动物，有一些成员是鱼类的体外寄生虫。它们吸附在寄主的眼睛、口或鳃周围的皮肤上，吸食血液和组织细胞。等足类寄生虫能使鱼类的身体不再呈流线型，游泳时效率降低。还有一些等足动物不是真正的寄生虫，而是以丢弃的食物碎屑为食。

▲ 蛙身上的蜱

这种吸血虫，如图中的蜱，用钩状的口器刺入蛙的皮肤。蜱牢牢地附着在蛙身上合适的位置，长达几小时或几天之久，直到它们吸饱血，身体膨胀到很大。在完全饱食之后，蜱才离开寄主开始消化食物。

绦虫 ►

这种绦虫利用头节（头部）上的吸盘和钩，固着在寄主的肠内，如图中这条寄生在猫体内的绦虫。这种像缎带一样的扁形虫能长到10多米长。它们没有口，但却能通过体表吸收寄主肠内的食物。

◄ 螨

与蜱类似，螨也是蜘蛛的近亲。有些螨自由生活，但绝大多数则寄生在无脊椎动物和脊椎动物身上。如图中这群寄生性的螨，趴在甲虫背上吸食它的组织细胞。

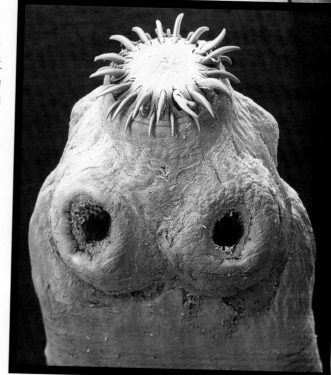

外来物种

在特定生境下生活的动物会以维持这个生境的总体平衡的方式进行进化。然而，如果外来物种被偶然或有计划地引入到一个生境中，平衡可能遭到破坏。如果入侵性物种没有天敌且食物供应充足，它的繁殖将不受控制，结果可能导致本地物种消失。下面的5个例子介绍了世界上最糟糕的5个外来入侵物种。

▲ 白鼬

这种小而凶狠的食肉动物是在19世纪80年代末为了控制老鼠的数量而引入新西兰的物种。但这些活跃的捕食者还吃鸟蛋和雏鸡，给自然鸟类物种带来了毁灭性的影响，受影响最明显的是几维鸟。

▲ 中华绒螯蟹

因其多手的螯而得名，这种原产自中国的蟹，坐船来到欧洲和美国。它们生活在淡水中，繁殖速度惊人。中华绒螯蟹几乎什么都吃，导致当地的本土动物关系土崩瓦解，它们还在河堤挖洞，使堤岸受到侵蚀。

▲ 蔗蟾

这种大型的南美蟾蜍在1935年为了控制害虫而被引入澳大利亚。它们的皮肤能分泌毒素杀死捕食者，对好奇的家庭宠物也造成了伤害。从蛇、蛙到哺乳动物，蔗蟾什么都吃，因此造成了当地很多物种的衰退。

▲ 兔子

兔子是1859年被引入澳大利亚的。尽管当时只有24只被野外释放，但它们的繁殖速度惊人，很快便达到了几百万只。兔子与以植物为食的本地物种争夺食物，致使一些物种绝灭。它们吃光覆盖在地表的植物，使土壤沙化。即便使用了暴力手段，也很难控制它们。

▲ 玫瑰蜗牛

这些食肉的蜗牛在20世纪70年代被引入塔希提及周边岛屿，用来控制另一种引入物种——褐云玛瑙螺。但与预期目标相反，玫瑰蜗牛攻击本土的蜗牛物种。大多数当地的蜗牛都已经绝灭，剩下的也处于濒危状态。

新品种

在自然界中，物种历经时间的推移而产生的变化叫做进化。进化遵从自然界的选择，那些能更好地适应特殊生境的动物比另外一些适应性差的动物活得更久，而且它们将这种适应性通过繁殖传递给下一代。几千年来，人类通过人工选择（选择育种）培育出新的动物品种供自己使用。基因重组是通过人工手段对DNA进行重新组合的最新方法。

非洲野猫

宠物猫

经育种进化
为扁平的脸

欧洲野牛

狼

▲ 猫

距今约8000年前，农业在中东和埃及地区得到发展，丰收的谷物剩余后不得不贮藏起来。由于谷物遭到鼠类等啮齿动物的毁坏，农民便驯化野猫来捕捉老鼠。我们今天所看到的这些猫的品种，都是经过长期选择性驯化发展而来的。

驯化的公鸡

原鸡

吉娃娃

▲ 狗

从大丹犬到吉娃娃，所有品种的狗都是由狼驯化而来的。狼是最早被驯化的动物，早在1.3万年前就已被驯化。起初它们被用于狩猎，但后来的选择育种产生了很多有其他用途的狗，包括宠物狗。

▲ 鸡

今天在亚洲东南部森林中生存的原鸡，是大约8000年前人类驯化的家鸡的祖先。人类驯化它们是为了获取蛋和肉作为食物，并由此培育出新的品种。

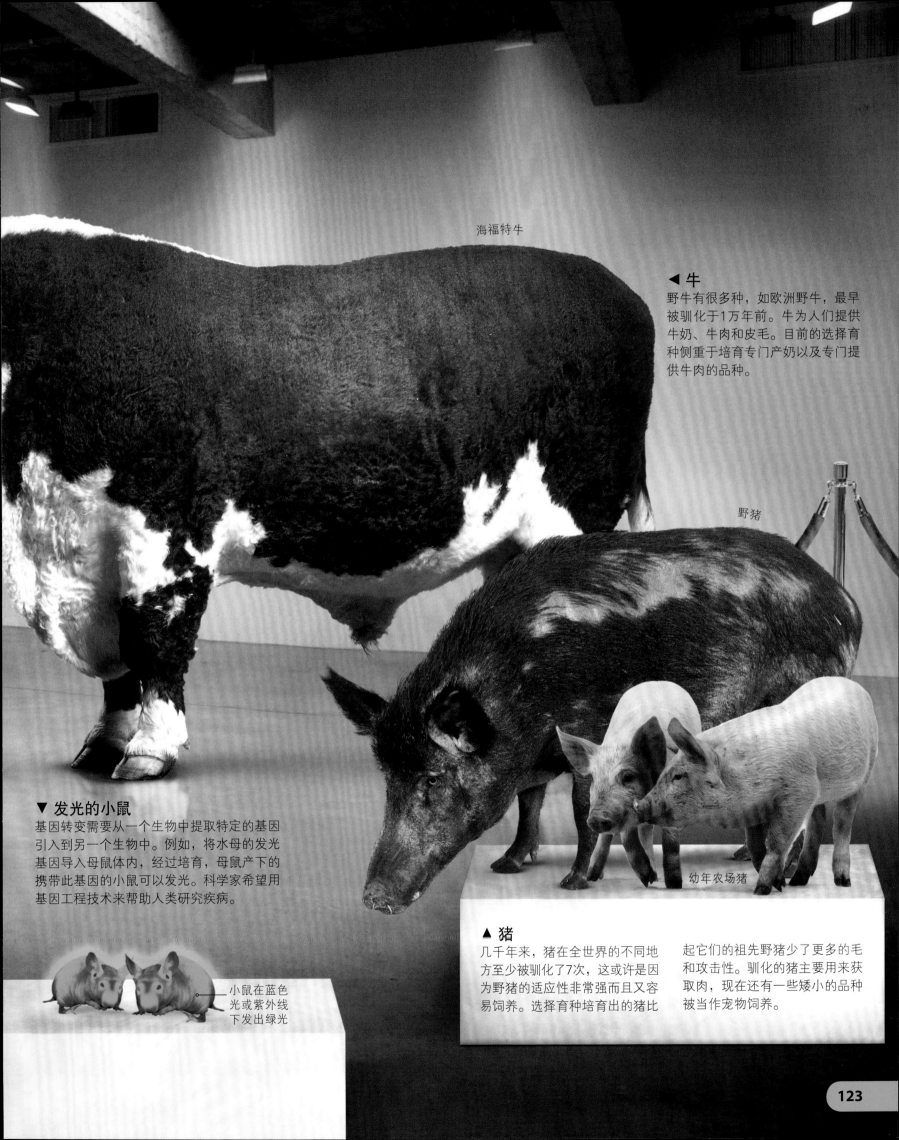

海福特牛

◀ 牛

野牛有很多种，如欧洲野牛，最早
被驯化于1万年前。牛为人们提供
牛奶、牛肉和皮毛。目前的选择育
种侧重于培育专门产奶以及专门提
供牛肉的品种。

野猪

▼ 发光的小鼠

基因转变需要从一个生物中提取特定的基因
引入到另一个生物中。例如，将水母的发光
基因导入母鼠体内，经过培育，母鼠产下的
携带此基因的小鼠可以发光。科学家希望用
基因工程技术来帮助人类研究疾病。

幼年农场猪

小鼠在蓝色
光或紫外线
下发出绿光

▲ 猪

几千年来，猪在全世界的不同地
方至少被驯化了7次，这或许是因
为野猪的适应性非常强而且又容
易饲养。选择育种培育出的猪比

起它们的祖先野猪少了更多的毛
和攻击性。驯化的猪主要用来获
取肉，现在还有一些矮小的品种
被当作宠物饲养。

专业词汇解释 按英文原版书顺序排列

腹部
脊椎动物躯干的一部分，包含生殖和消化等器官。昆虫、甲壳动物和蛛形纲动物的腹部位于身体的后部。

两栖动物
外温（冷血）脊椎动物，如蛙或蝾螈，半水生半陆地生活。

环节动物
一种蠕虫，如蚯蚓，具有柔软的由多体节组成的筒形身体。

南极洲
围绕南极点的大陆，几乎全被冰层所覆盖。

触角
昆虫、甲壳动物和其他一些节肢动物头部多节的感觉器或长长的触须。

蛛形纲动物
身体分为两部分，具有4对足，如蜘蛛或蝎。

北极的
用以描述动物的生活区域。

动脉
从心脏将富氧血运送至动物身体各处的血管。

节肢动物
一类无脊椎动物，如昆虫、甲壳动物或蛛形纲动物，具有坚硬的外壳和分节的附肢。

细菌
一类简单的单细胞有机物，在地球上数量众多。

鸟类
一类内温（温血）脊椎动物，如鹰，具有喙、羽毛、翅膀，能飞行。

碳酸钙
一种白色坚硬的矿物质盐，是构成软体动物的壳或甲壳动物的外表皮的物质。

伪装
动物通过身体外形或颜色与环境相融合的一种手段。

甲壳
覆盖和保护甲壳动物，如龙虾的头部和胸部的坚硬外壳。

二氧化碳
动物通过细胞呼吸（能量释放）排放出的一种废气。

食肉动物
特指这一个目下的哺乳动物成员，包括猫科动物和狼，主要以肉为食。同时，也指所有吃肉的动物。

软骨
组成软骨鱼，如鲨鱼骨骼的坚实柔韧的组织，也是其他脊椎动物的骨骼的组成部分。

细胞
组成生物体（除病毒外）的基本单位。其他生物如细菌和植物，由一个或多个细胞构成。

头足动物
一类软体动物，如章鱼，具有长着大眼睛的明显的头部和带有吸盘的触手。

头胸部
位于蜘蛛和其他蛛形纲动物的身体的前部，连接着4对足。

脊索动物
包括脊椎动物在内的一类动物，如鱼类和爬行动物。

复眼
昆虫和甲壳动物视觉器官的一种类型，由许多小眼体构成。

甲壳动物
一类节肢动物，如蟹和虾，具有两对触角和若干对附肢。

表皮
节肢动物，如昆虫和甲壳动物体表的坚硬的保护性外壳（外骨骼）。

棘皮动物
海生无脊椎动物，如海星或海胆，具有内骨骼，身体分为5个相等的部分。

回声定位
蝙蝠和海豚利用反射回来的声音来定位物体，特别是食物的方法。

生态系统
生物群落及其生存的地理环境间相互作用的自然系统，如热带丛林或珊瑚礁。

外温的
用来描述动物，如蛙或蛇的词汇，表示它们的体温随环境温度的变化而变化。

内温的
用来描述动物，如鸭或兔子的词汇，表示不论环境温度如何变化体温都维持恒定。

能量
物质运动的一种量度，包括成长和运动在内所有生命机能必须具备的物理量。

赤道
南北极之间将地球一分为二的假想的线，将地球分为北半球和南半球。

酶
动物和其他生物体内加速化学反应的一种物质，例如在消化过程中能促进食物分子分解的物质。

进化
物种历经许多代的演变发展，最终产生新的物种的过程。

外骨骼
如昆虫和甲壳动物等动物坚硬的体外覆盖物。

绝灭
动物或其他生物物种全部永久地消亡的现象。

鱼类
属于脊椎动物，包括鲨和硬骨鱼，生活在水中，具有流线型的身体和鳍。

食物链
生物群落中，各种生物彼此之间由于摄食关系所形成的一种直线联系。

基因
生物体携带和传递遗传信息的基本单位，由父母传递给下一代。

鳃
鱼类和其他水生动物的一种呼吸器官，能在水下摄入氧气排出二氧化碳。

生殖腺
能产生性细胞和性激素的一种结构，如睾丸或卵巢。

生境
动物或者其他生物栖息的自然环境。

食草动物
仅以植物为食的动物，如牛。

冬眠
在冬季食物短缺时，一些内温动物（哺乳类和鸟类）进入一种深度睡眠的状态。

昆虫
节肢动物，如甲虫或蝶，具有3对足，通常有两对翅，身体分为三部分。

食虫动物
主要以昆虫为食的动物，如食蚁兽等。也指哺乳动物的一个目，包括鼩鼱和刺猬。

无脊椎动物
不具有脊椎的动物，如蠕虫或昆虫。

磷虾
一种形似小虾的甲壳动物，是须鲸的主要食物来源。

幼虫
年幼的动物，如毛虫，经过变态后成长为成虫，如蝶。

肺
哺乳动物及其他呼吸空气的动物体内的一种器官，用来吸收氧气和排出二氧化碳。

哺乳动物
内温脊椎动物，如狮或蝙蝠，体表具有毛发，幼崽以母亲的乳汁为食。

变态
某些动物身体发生的显著性变化，如两栖动物和许多昆虫从幼体成长为成体时发生的形态变化。

微生物
只能在显微镜下才能看到的微小生物。

迁徙
动物根据季节的变化从一处迁移到另一处进行觅食和繁殖的行为。

软体动物
身体柔软的无脊椎动物，如蜗牛、贻贝或乌贼，通常身体具有保护性外壳。

黏液
动物为了润滑和保护身体而分泌出的一种厚厚的、具有黏性的液体。

肌肉
动物的一种基本组织，通过收缩（变短）可以使身体移动。

自然选择
生物在演化过程中，能更好地适应环境，不但有利于生存，并且能留下更多的后代，这是进化的动力。

花蜜
花朵产生的含有糖分的液体，用来吸引蝴蝶或蜜蜂等动物来帮助授粉。

神经细胞
即神经元。具有很多突起，能迅速地将信号从身体的一个部位传递到另一个部位。

夜行性
用来描述那些在夜晚活跃而白天不活跃的动物（如蝙蝠等）的一种行为。

北半球
将地球一分为二，赤道以北的部分。

营养素
从食物中摄取的用来保证身体正常运转所需的物质。

若虫
某些昆虫生命过程中的一个阶段。若虫看起来像无翅成虫的缩小版。

杂食动物
既吃植物又吃其他动物的动物，如黑熊等。

器官
由不同的细胞和组织构成的结构（如心脏或眼睛等），在动物的生存活动中起着特定的作用。

有机体
独立的生物体，如一只动物或一株植物。

氧气
动物吸入体内用来进行细胞呼吸（能量释放）的气体。

寄生生物
生活在另一物种体表或体内的生物，有些对寄主造成伤害。

信息素
动物体内释放的一种化学"信息"，能对同种的其他个体产生影响。

光合作用
植物和类似植物的浮游生物利用太阳能将二氧化碳和水转化为有机物的过程。

浮游生物
用来描述那些漂浮在海水和淡水中数量众多的微小动物（浮游动物）和像植物似的原生生物（浮游植物）。

授粉者
以花朵为食的动物，如蝶，将花粉从一朵花传递到另一朵花上，帮助花朵完成繁殖。

食肉动物
捕杀并吃掉其他动物的动物，如狮。

猎物
被其他动物捕获，并且被吃掉的动物。

生产者
如植物等利用太阳能将无机物转化为有机物的自养生物，并提供营养和能量给食用它们的动物。

蛋白质
组成生物体最基本的物质，是生命活动的基础，包括酶和能在毛发、指甲和蛛丝中找到的结构蛋白。

蛹
许多昆虫包括甲虫和黄蜂生命中的一个静止阶段，在此阶段昆虫由幼虫变为成虫，体形发生变化。

爬行动物
外温脊椎动物，如鳄或蛇，具有防水的鳞状皮肤，在陆地产卵。

稀树草原
亚热带地区，特别是非洲，长有稀疏乔木的广袤草原生境。

物种
可以交配并能繁衍后代的生物类群。

不能生育的
用来描述那些不具备生育能力的动物，如工蜂。

共生关系
两个不同物种之间相互受益或一方受益的紧密关系。

（身体）系统
动物体内由若干相关的器官组成，共同执行特定的功能。

蝌蚪
蛙、蟾蜍等两栖动物的幼体。

领地
被动物划定和捍卫的一片区域，以保证食物或水的来源，交配权及抚养后代。

胸部
昆虫身体的中段，连接着蛛形纲动物和甲壳动物的头部。也指脊椎动物的躯干从颈到腹的部分。

有蹄动物
以植物为食并长有蹄子的哺乳动物，如马或猪等。

静脉
将乏氧血从身体各部运回心脏的血管。

毒液
有毒的动物，如响尾蛇和蝎，通过咬或刺释放出带有毒性的液体，以杀死猎物或敌人。

脊椎动物
具有脊椎的动物，如鱼类、两栖动物、爬行动物、鸟类和哺乳动物等。

索引

致谢

DK谨向下列各位致以谢意：
Charlotte Webb for proofreading; Jackie Brind for the index; Steven Carton for editorial assistance; Richard Ferguson for the ecosystems pop-up; KJA-artists.com for illustration; staff at the Zoology Library of the Natural History Museum, London, for access to the collection there; and Robert J. Lang for the origami animals.

本书出版商由衷地感谢以下名单中的公司以及人员提供照片使用权：

缩写说明：a–上方；b–下方/底部；c–中间；f–底图；l–左侧；r–右侧；t–顶端。

6-7 NHPA / Photoshot: Martin Harvey (c). **8** Science Photo Library: Steve Gschmeissner (clb); P. Hawtin, University of Southampton (cra); Dr Kari Lounatmaa (tr); Astrid & Hanns-Frieder Michler (cl). **9** Science Photo Library: Sinclair Stammers (c). **10** Corbis: Jose Luis Palaez, Inc (ca/earthworms). DK Images: Frank Greenaway / courtesy of the Natural History Museum (tr); Colin Keats / courtesy of the Natural History Museum (bl); Harry Taylor / courtesy of the Natural History Museum (cla/sea fan). FLPA: imagebroker / J. W. Alker (c/bearded fireworm); Roger Tidman (fbr/tick). Getty Images: Stephen Frink (fclb). Science Photo Library: Dr, George Gornacz (c/marine flatworm); Nature's Images (bc/land planarian); Matthew Oldfield (ftl/giant barrel sponge); Dr. Morley Read (tc/velvet worm). **11** Corbis: Tom Brakefield (br/breaching whale). DK Images: Jerry Young (crb/crocodile). Getty Images: Karl Ammann (fcr). Science Photo Library: Matthew Oldfield, Scubazoo (ca/mantis shrimp). SeaPics.com: Doug Perrine (cl/Nautilus); Mark Strickland (clb/Cone shell). **13** FLPA: Paul Hobson / Holt (bl) (cb); Derek Middleton (cra) (tr). **16-17** The Natural History Museum, London: McAlpine Zoological Atlas / Z, 11, Q, M, / plate XVIII (cr). **20** Corbis: Peter Johnson (c). **20-21** Getty Images: Foodcollection (bc). Photolibrary: Ross Armstrong (ca). **21** NHPA / Photoshot: Jason Stone (tc). **22** FLPA: Minden Pictures (cr/giant tortoise). Still Pictures: Biosphoto / Heuclin Daniel (cl). **23** Alamy Images: Tim Gainey (cl). Corbis: Momatiuk-Eastcott (c/albatross). DK Images: Barrie Watts (br); Jerry Young (tl/Crocodile). FLPA: Fritz Polking (cr). Getty Images: Ken Lucas (cb). **26** Alamy Images: Arco Images GmbH (fcl); William Leaman (cr). Corbis: Bettmann (ca/Trogons). **26-27** Alamy Images: Arco Images GmbH (tc) (br). 27 Alamy Images: Arco Images GmbH (tr) (fcrb). Ardea: Rolf Kopfle (fbr). **28** Corbis: Visuals Unlimited (cb/Komodo dragon). DK Images: Jerry Young (cra/crocodile). Getty Images: Stockbyte (cb/sunlounger). **29** Corbis: Michael & Patricia Fogden (clb/thorny devil). DK Images: Jan Van Der Voort (bc/worm lizard) (cb/gila monster); Jerry Young (fcra/puff adder). 30 NHPA / Photoshot: Stephen Dalton (tr/flying frog). Science Photo Library: Paul Zahl (tc). **30-31** Getty Images: John Burcham / National Geographic (c). **31** FLPA: S & D Maslowski (tc); Chris Mattison (cl/Couch's spadefoot) (c/Darwin's frog); Minden Pictures (fcr/glass frog); Minden Pictures / Piotr Naskrecki (cl/Caecilian). Photolibrary: Emanuele Biggi (fcl/lungless salamander). **32** NHPA / Photoshot: A.N.T. Photo Library (clb/lamprey). **32-33** Corbis: Amos Nachoum (c/barracuda school). **33** Alamy Images: Stephen Fink Collection (crb/moray eel). FLPA: Michael Durham / Minden Pictures (tc/white sturgeon). Photolibrary: Paulo De Oliveira (cla/hatchetfish). **34-35** Photolibrary: Ed Robinson (c). **35** Corbis: Lawson Wood (bl). SeaPics.com: Marc Chamberlain (tr). **36** Science Photo Library: Matthew Oldfield, Scubazoo (cl). **37** Alamy Images: David Adamson (tr). iStockphoto.com: edfuentesg (br/water background). **38** Science Photo Library: David T. Thomas (tr). **39** FLPA: Nigel Cattlin / Hilt Studios (fbr/large tick); Roger Tidman (fbr/small tick). Getty Images: Photographer's Choice (cr/plug hole). **40** Corbis: Martin Harvey (clb/ant with leaf). **41** DK Images: Harry Taylor / courtesy of the Natural History Museum (tl/striped shield bug). **42** SeaPics.com: Doug Perrine (cla). **42-43** Alamy Images: imagebroker (c). Science Photo Library: Dr. Keith Wheeler (bc/limpets). **43** SeaPics.com: Marc Chamberlain (cla); Mark Strickland (cra) (ca); Jez Tryner (cr); James D. Watt (br). **44** FLPA: D. P. Wilson (cl). Science Photo Library: Nature's Images (br); Dr. Morley Read (bl). **45** Corbis: Jose Luis Palaez, Inc (cl). FLPA: imagebroker / J. W. Alker (br); D. P. Wilson (cr). Science Photo Library: Dr, George Gornacz (tr). **46** Corbis: Lawson Wood (bc). DK Images: Geoff Brightling / Peter Minister - modelmaker (tr/box jellyfish); David Peart (tc). Adam Laverty: (tl). SeaPics.com: Doug Perrine (fbl); Richard Hermann (cla). **47** Corbis: Stephen Frink (c/diver & background). Getty Images: Brandon Cole (bl). SeaPics.com: Brenna Hernandez / Shedd Aqua (br). **48** The Natural History Museum, London: John Sibbick (tl). **49** Alamy Images: Natural History Museum (c). **50** Ardea: Tom & Pat Leeson (cl). Auscape: Francois Gohier (bc). NHPA / Photoshot: Joe Blossom (tr). Ignacio De la Riva: (cr). **51** Bruce Behnke: (cra). FLPA: Minden Pictures (bl). Paul H. Humann: (cl). naturepl.com: Paul Johnson (tl). **52-53** naturepl.com: Anup Shah (c). **54** SeaPics.com: Steve Drogin (c). **55** SeaPics.com: Michael S. Nolan (c). **56** Corbis: Mary Ann McDonald (tl). FLPA: Minden Pictures (fcl/giant anteater). Photolibrary: Nick Gordon (cra/Vampire bat); Stan Osolinski (bc). **57** Corbis: Galen Rowell (cr/Muntjac). **58** Alamy Images: blickwinkel (tl). NHPA / Photoshot: Anthony Bannister (cb). Photolibrary: Marian Bacon (c); Michael Fogden (bc). **58-59** Alamy Images: Steve Allen Travel Photography (c). FLPA: Richard Dirscheri (cb). NHPA / Photoshot: Stephen Dalton (tc). **59** FLPA: imagebroker / Stefan Huwiler (tc). naturepl.com: Anup Shah (cb). NHPA / Photoshot: Stephen Dalton (c). Photolibrary: David B. Fleetham (bc). **62** Ardea: M. Watson (cr). FLPA: Minden Pictures (c); Sunset (cl). Photolibrary: Eyecandy Images (bl/mirror); Per-Gunnar Ostby (br). Science Photo Library: Claude Nuridsany & Marie Perennou (bl). **63** FLPA: Minden / Frits Van Daalen / FN (cr). naturepl.com: John Waters (br). Photolibrary: Richard Packwood (cl). **66** Ardea: Paul Van Gaalen (c); Andrey Zvoznikov (cla). Corbis: Visuals Unlimited (clb). naturepl.com: Alan James (cl). **66-67** Alamy Images: David Crausby (c/sunglasses). FLPA: imagebroker / Marko K´nig (c). **67** Alamy Images: Juniors Bildarchiv (clb). Ardea: John Cancalosi (cla); Ron & Valerie Taylor (crb). Corbis: Martin Harvey (cra). Science Photo Library: Ken Read (cr); Peter Scoones (tr). **68** Alamy Images: Nadia Isakova (br). Science Photo Library: David Aubrey (tl). **69** Alamy Images: Rick & Nora Bowers (bl); Redmond Durrell (tl). **70** Alamy Images: Arco Images GmbH (bc). FLPA: Minden Pictures (c). Photolibrary: Tobias Bernhard (cr). **70-71** Alamy Images: tbkmedia.de (tc). Elizabeth Whiting & Associates: Lu Jeffery (c). **70-72** naturepl.com: Lynn M. Stone (bc). 71 Alamy Images: The National Trust Photolibrary (c). FLPA: Minden Pictures (tc). naturepl.com: Jane Burton (bc). Photoshot: Woodfall Wild Images / RIchard Kuzminski (bl/Turkey vulture). SeaPics.com: Mark Conlin (cl). 72 Alamy Images: blickwinkel (cr) (cl); Phil Degginger (bl). **73** Alamy Images: D. Hurst (cr/iphone); Peter Arnold, Inc. (crb); Stuart Simmonds (cl); WildPictures (clb). Ardea: Premaphotos (bl). **74** Corbis: Reuters / Handout (br). DK Images: Colin Keats / courtesy of the Natural History Museum (crb) (bc/rolled pill woodlice); Jerry Young (bc). **75** Alamy Images: Kevin Ebi (cl/Snow geese); Roger McGouey (br). DK Images: Frank Greenaway / courtesy of the Natural History Museum (ca). Barry Gooch: South Carolina Dept. of Natural Resources (bc/octopus). Photolibrary: Waina Cheng (crb/blue-tailed skink). 76 naturepl.com: John Cancalosi (c/Chameleon); David Kjaer (cb); Constantinos Petrinos (ca); Michael Pitts (cr); Premaphotos (bc); T. J. Rich (bl); Markus Varesvuo (clb). **76-77** SeaPics.com: Mike Veitch (c). **77** Corbis: Tom Brakefield (bl/Okapi). naturepl.com: E. A. Kuttapan (tl); Doug Allan (cr); Ingo Arndt (c/caterpillar); Philippe Clement (ca); Mike Wilkes (fclb/moth). **78** Alamy Images: Premaphotos (br). 79 Alamy Images: Neil Hardwick (cr); Rolf Nussbaumer (ca). Science Photo Library: Nature's Images (bl). 80 Alamy Images: Images of Africa Photobank (c); Stock Connection Blue (cl). **80-81** Getty Images: Stephen Krasemann (cb/bighorn rams). 81 Alamy Images: Jason Gallier (clb/European robin) (cl); David Osborn (cr). **82** Alamy Images: Stephen Fink Collection (cb). **83** Alamy Images: AfriPics.com (cla); Fabrice Bettex (cr); Daniel Demptser Photography (br); WildPictures (cl). SeaPics.com: Kevin Schafer (tc). **84** Corbis: Tom Brakefield (tl). Still Pictures: Tom Vezo (bl). **84-85** Alamy Images: Kirsty Pargeter (c). **85** FLPA: Hugh Lansdown (cl); Sunset (br). **86** Alamy Images: blickwinkel (br); Daniel Valla FRPS (ca/Magnificent frigate bird). DK Images: Frank Greenaway / courtesy of the Natural History Museum (tc/Female birdwing butterfly); Colin Keats / courtesy of the Natural History Museum (tr/male birdwing butterfly). FLPA: David Hosking (ca/Red frigate bird). NHPA / Photoshot: Nick Garbutt (cr/female proboscis monkey); Martin Harvey (c/male probascis monkey). **86-87** Alamy Images: Larry Lilac (c). **87** Alamy Images: Holger Ehlers (cl); Zach Holmes (bc). DK Images: Peter Cross / courtesy of Richmond Park (ca/Male red deer). iStockphoto.com: BlackJack3D (br). **88** Corbis: Frank Lukasseck (bl). Mike Read: (cl). **88-89** Alamy Images: PictureNet Corporation (c/fans). FLPA: Robin Reijnen (tc). naturepl.com: Roger Powell (c/Lyrebird). NHPA / Photoshot: John Shaw (bc). **89** Corbis: Vince Streano (bc). FLPA: Michael Gore (cr). National Geographic Stock: Tim Laman (c). naturepl.com: Shattil & Rozinski (tc). **90** DK Images: Frank Greenaway / courtesy of the Natural History Museum (tc). FLPA: Nigel Cattlin (ca); Mike Jones (c). **90-91** Getty Images: Image Source (c/egg carton). **91** Ardea: Steve Hopkin (cb/Butterfly eggs). DK Images: Harry Taylor / courtesy of the Natural History Museum (c/Guillemot egg). **92** Alamy Images: M. Brodie (br/mature eagle); David Gowans (tl/newly hatched chick) (crb/parent with offspring). Corbis: W. Perry Conway (cr/eagle chick). Getty Images: Martin Diebel / fstop (cl/curtain section of booth); Siri Stafford (cr/curtains). **92-93** Getty Images: Yo / Stock4B Creative (cr/green section of boothe). **93** FLPA: Chris Mattison (cla/adult frog) (cra/wings expanding) (fcla/frog shrinking tail) (fcra/adult dragonfly) (tl/frog with tail); Minden / Rene Krekels / FN (ftr/emerging adult dragonfly); Minden Pictures (ftl/tadpoles). Getty Images: Siri Stafford (tl) (br) (c) (tr). naturepl.com: Hans Christophe Kappel (cb/adult butterfly). NHPA / Photoshot: George Bernard (tl/nymph). SeaPics.com: Daniel W. Gotshall (fbr/mature salmon); Chris Huss (br/young salmon); Jeff Mondragon (crb/egg). Still Pictures: Wildlife / A. Mertiny (fcrb/hatchling). **94** Ardea: Ferrero-Labat (cla). **95** Ardea: Tom & Pat Leeson (cl); Pat Morris (crb); Tom Watson (tl). César Luis Barrio Amorós: Fundacion AndigenA (bc). Corbis: Frank Lane Picture Agency / Philip Perry (tr). Photolibrary: Ken Preston-Mafham (cr). **96-97** naturepl.com: Tom Vezo (c). 98 Alamy Images: Reinhard Dirscherl (ca). Corbis: Theo Allofs (br). FLPA: Mark Newman (tr); Ariadne Van Zandbergen (bl). **98-99** Ardea: G. Robertson (bc). **99** Alamy Images: James Clarke Images (tc/keys). Corbis: Martin Harvey (tl); Minden Pictures / Mark Raycroft (br). FLPA: Minden Pictures (tr). **100** Ardea: Densey Clyne (cb); John Daniels (bl); Don Hadden (crb). Corbis: Rose Hartman (ca). FLPA: Minden Pictures (tc). Photolibrary: Harry Fox (br). **101** Ardea: Masahiro Iijima (cb). FLPA: imagebroker / Michael Krabs (ca); Minden Pictures (br) (bl). **102** DK Images: David Peart (tr); Rollin Verlinde (bl). FLPA: Minden Pictures (br/Jackrabbit). 102-103 Corbis: Mark Dye / Star Ledger (c). **103** Photolibrary: David M. Dennis (br); David Haring / Dupc (crb); Wallace Kirkland (cra). SeaPics.com: Gregory Ochocki (tl). **108** Photolibrary: Andoni Canela (fcl/Palm tree). Science Photo Library: Steve Gschmeissner (cla). **109** Ardea: Francois Gohier (cl). Photolibrary: Andoni Canela (fcr/Palm tree). **112** Alamy Images: tbkmedia.de (tl). Corbis: Denis Scott (fbl) (cb/tubeworm). DeepSeaPhotography.Com: (cr) (cb). National Geographic Stock: Paul Nicklen (tc); Norbert Wu / Minden Pictures (bl/Gulper eel). Science Photo Library: Dr. Ken MacDonald (br). **112-113** Getty Images: Per-Eric Berglund (c). **113** Alamy Images: Arco Images GmbH (tl); Elvele Images Ltd (tc); Don Hadden (c); Image Source Black (br). NHPA / Photoshot: T. Kitchin & V. Hurst (tr). Still Pictures: A. Hartl (bl); Wildlife / O.Diez (cl). **114** Alamy Images: Elvele Images Ltd (cla); Antje Schulte (tl). DK Images: David Peart (bl). **114-115** Science Photo Library: Georgette Douwma (tc). **115** Alamy Images: cbimages (clb). Photolibrary: Oxford Scientific (tr). SeaPics.com: Doug Perrine (br). **116** DK Images: Jerry Young (br). **118** FLPA: Nigel Cattlin (clb); Tony Hamblin (tl). Photolibrary: Carol Geake (crb). Science Photo Library: Rondi & Tani Church (bc); Steve Gschmeissner (cla). **119** Alamy Images: blickwinkel (bl). Corbis: Kevin Schafer (tr/ticks on frog). Science Photo Library: Eye of Science (br); Andew J. Martinez (cl); David Scharf (tl) (cr/Crab with fish). **120** Alamy Images: Arco Images GmbH (cra) (tr); Gavin Thorn (bc); Wildlife GmbH (c). Photo Biopix.dk: Niels Sloth (br). **120-121** Alamy Images: J. R. Bale (c) (cr/Rosy wolfsnail on fern). **121** Alamy Images: Photo Resource Hawaii (cra) (br) (tr); Jack Picone (tl) (cl); A & J Visage (tc). Ardea: Kathie Atkinson (bl). Corbis: John Carnemolla (cb). FLPA: Minden Pictures (c/fence). NHPA / Photoshot: Daniel Heuclin (cla). **122** Ardea: Kenneth W. Fink (bc). The Natural History Museum, London: Michael Long (cla). **122-123** Alamy Images: Oote Boe (c)